建筑专业"十三五"规划教材

建设工程招投标与合同管理

主　编　杨付莹　吴志新
副主编　杨　亮　赵丹洋
主　审　俞　顺

西安电子科技大学出版社

内 容 简 介

本书根据最新的建设工程法律法规，结合建设工程管理实际，以建设工程招投标工作过程为主线，系统阐述了建设工程招投标及施工合同管理。本书共四章，主要内容包括：建设工程招标，建设工程投标，开标、评标、定标与签订合同，合同管理。

本书可以作为应用型本科院校、职业院校建筑工程管理专业的教材，也可供建筑工程技术、工程造价、土建等其他专业选择使用，同时还可作为成人教育、相关职业岗位培训教材以及工程技术人员的参考或自学用书。

图书在版编目（CIP）数据

建设工程招投标与合同管理 /杨付莹，吴志新主编. -- 西安 ：西安电子科技大学出版社，2016.7

ISBN 978-7-5606-4209-3

Ⅰ. ①建… Ⅱ. ①杨… ②吴… Ⅲ. ①建筑工程－招标②建筑工程－投标③建筑工程－经济合同－管理 Ⅳ. ①TU723

中国版本图书馆 CIP 数据核字（2016）第 162540 号

策　　划　罗建锋　章银武

责任编辑　李　文

出版发行　西安电子科技大学出版社（西安市太白南路 2 号）

电　　话　（010）56091798　（029）88201467　邮　　编　710071

网　　址　www.xduph.com　电子邮箱　xdupfxb001@163.com

经　　销　新华书店

印刷单位　三河市悦鑫印务有限公司

版　　次　2016 年 6 月第 1 版　2023 年 8 月第 2 次印刷

开　　本　787 毫米×1092 毫米　1/16　印　张　14

字　　数　365 千字

印　　数　3001～6000 册

定　　价　38.00 元

ISBN 978-7-5606-4209-3

XDUP 4501001-1

如有印装问题请联系 010-56091798

前　言

近年来，随着我国建筑事业的蓬勃发展，与之相应的建筑工程管理制度和体系也在不断地健全和完善。工程招标投标是目前我国乃至国际上广泛采用的建筑工程交易方式。建设工程招标投标与合同管理是建设工程活动中十分重要的工作，也是建筑企业主要的生产经营活动之一。施工企业能否中标获得施工任务，并通过完善的合同管理及其他方面的管理而取得好的经济效益，关系到企业的生存与发展。因此，招标投标与合同管理在整个企业经营管理活动中占据十分重要的地位和作用。

工程项目招标与投标在我国全面实施以来，对于规范建筑市场管理，提高工程项目建设效果，节约建设投资，提高工程质量，节省建设工期，均取得了十分显著的成效。为全面、系统地准确理解和把握建筑工程项目招标投标的各项政策，结合工程管理实践经验，并根据“建筑工程招标投标”课程教学大纲的要求，作者编写了本书。本书共四章，主要内容包括：建设工程招标，建设工程投标，开标、评标、定标与签订合同，合同管理。

为了学习的需要本书各章节都附有典型实例分析、思考题和实训帮助读者正确了解和掌握建筑工程的招标、投标、签订合同与合同管理。本书的编写内容，以众家理论为基础，基本概念深入浅出，并具新思想、新观点和新方法；强调实践性学习环节，选择了具有代表性的案例讲解和分析，突出以实际操作与技能培养为重点；重视理论与实践的结合。

本书由辽宁城市建设职业技术学院的杨付莹和中国水利水电第四工程局有限公司的吴志新担任主编，由沈阳职业技术学院的杨亮和湖北工业职业技术学院的赵丹洋担任副主编，由机械工业信息研究院的俞顺担任主审。

本书符合国家工程师培养计划要求，适用于建筑类、市场营销、公共事业管理等专业开设的招投标课程教学，也可作为从事工程建设、咨询管理、招标投标行政管理人员的参考书。

本书内容难免疏漏，恳请读者谅解并提出宝贵意见，以便再版时修改和完善。

编　者

目 录

第一章　建设工程招标

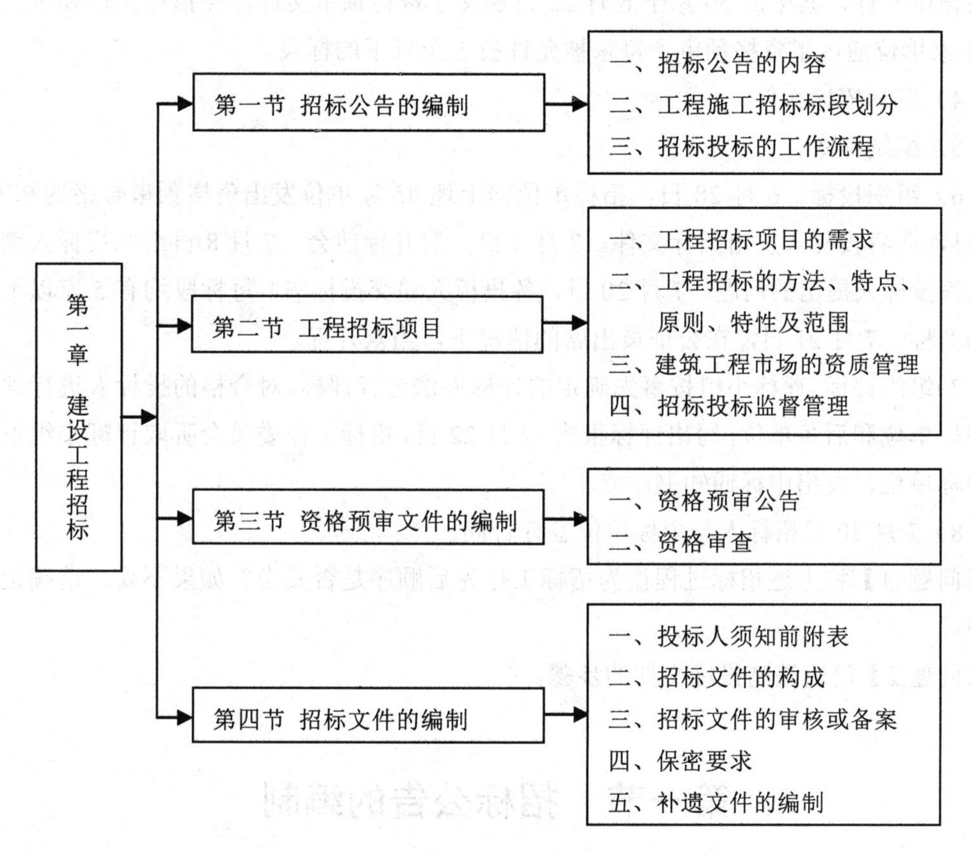

第一章　结构图

【学习目标】

- 了解招标公告的主要内容；
- 掌握招标投标的工作程序及原则；
- 掌握招标投标的监督管理；
- 熟悉资格预审文件的编制；
- 熟练掌握招标文件的编制。

【本章引例】

某高速公路×路段全长228 km。该项目采取公开招标的方式，共分20个标段，招标工作从20××年6月2日开始，到7月30日结束，历时60天。招标工作的具体步骤如下：

（1）成立招标组织机构。

（2）发布招标公告和资格预审通告。

（3）进行资格预审。6月16日~20日出售资格预审文件，58家省内外施工企业购买了资格预审文件，其中的56家于6月22日递交了资格预审文件。经招标工作委员会审定后，55家单位通过了资格预审，每家被允许投3个以下的标段。

（4）编制招标文件。

（5）编制标底。

（6）组织投标。6月28日，招标单位向上述45家单位发出资格预审合格通知书。6月30日，向各投标人发出招标文件。7月5日，召开标前会。7月8日组织投标人踏勘现场，解答投标人提出的问题。7月20日，各投标人递交投标书，每标段均有5家以上投标人参加竞标。7月21日，在公证员出席的情况下，当众开标。

（7）组织评标。评标小组按事先确定的评标办法进行评标，对合格的投标人进行评分，推荐中标单位和后备单位，写出评标报告。7月22日，招标工作委员会听取评标小组汇报，决定中标单位，发出中标通知书。

（8）7月30日招标人与中标单位签订合同。

【问题1】将上述招标过程作为招标工作先后顺序是否妥当？如果不妥，请确定合理的顺序。

【问题2】简述编制投标文件的步骤。

第一节　招标公告的编制

招标公告是指招标单位或招标人在进行科学研究、技术攻关、工程建设、合作经营或大宗商品交易时，公布标准和条件，提出价格和要求等项目内容，以期从中选择承包单位或承包人的一种文书。 在市场经济条件下，招标有利于促进竞争，加强横向经济联系，提高经济效益。对于招标者来说，通过招标公告择善而从，可以节约成本或投资，降低造价，缩短工期或交货期，确保工程或商品项目质量，促进经济效益的提高。

一、招标公告的内容

通常，招标公告的主要内容包含以下几方面。

（一）招标条件

招标条件主要包括以下几种：

（1）工程建设项目名称、项目审批、核准或者备案机关名称及批准文件编号。

（2）招标人名称，即负责项目招标的招标人名称，可以是项目业主或其授权组织实施项目并独立承担民事责任的项目建设管理单位。

（3）项目业主名称。项目审批、核准或者备案文件中载明的项目投资或项目业主。

（4）项目资金来源和出资比例，例如国债资金为 20%、银行贷款为 30%、自筹资金为 50%等。

（5）阐明该项目已具备招标条件，招标方式为公开招标。

（二）投标人资格要求

申请人应具备的工程施工资质等级、类似业绩、安全生产许可证、质量认证体系证书，以及对财务、人员、设备、信誉等能力和方面的要求。是否允许联合体申请资格预审或投标以及相应的要求；投标人投标的标段数量或指定的具体标段。

（三）招标文件获取时间、方式和地点

（1）时间。应满足发售时间不少于 5 个工作日。

（2）方式、地点。一般要求持授权委托书到指定地点购买；若采用电子招标投标，则可以直接从网上下载。

（四）工程建设项目概况与招标范围

对工程建设项目建设地点、规模、计划工期、招标范围、标段划分等进行概括性的描述，使潜在投标人能够初步判断是否有意愿以及自己是否有能力承担项目的实施。

二、工程施工招标标段划分

工程施工招标应该依据工程建设项目管理承包模式、工程设计进度、工程施工组织规划和各种外部条件、工程进度计划和工期要求、各单项工程之间的技术管理关联性以及投标竞争状况等因素，综合分析研究划分标段，并结合标段的技术管理特点和要求设置投标资格预审的资格能力条件标准，以及投标人可以选择投标标段的空间。

（一）标段划分的原则

工程施工招标标段的划分应该遵循以下几点原则：

（1）便于管理。如果分标过多，将增加管理工作量。

（2）所分各标，应划清责任界线。应划清发包人与承包人、承包人之间的责任界线。各自的责任明确，可防止因责任不清而引起的争端和索赔。

（3）按整体单项或者分区分段来分标，避免以工序分标。工序分标易造成责任界线不清，形成扯皮现象，增加各标段之间的干扰，造成工程费用增加。

（4）有利于招标竞争。分标少，每个标工程规模大，则要求投标人资格条件高，不利于吸收更多的投标人参与竞争。投标人少，投标报价总水平会高。分标少，便于管理，各标段间相互影响和干扰少，招标人风险可减少。分标多，则反之。如果允许投标人同时投多个标，则可减少管理上困难，既可有利于降低投标报价，又有利于竞争。

（5）要有利于发挥企业的优势，吸引有优势的承包人投标，可按项目性质和专业分标。

（6）把施工作业内容和施工技术相近的项目合在一个标中，以减少施工设备重复购置，减少施工人员。从而减少总体投标报价水平。但也应防止潜在索赔风险的发生。

（7）考虑招标人提供的条件对主体项目分标的影响。既不要为承包人考虑过多，也不要把那些与主体项目关系密切，责任界线不易划清的项目，从主体项目标中划出。否则在合同实施时易造成争端和索赔。

（8）利用外资贷款建设项目时，分标时要考虑外资的主要投向。例如外资投向主体项目，或者购置永久设备，或者施工设备等。与此无关的项目，或者责任界线划得清的项目，分离出来，另行招标建设。这有利于节省外汇，减少外汇还贷压力，提高外资利用效益。

以上分标原则是相互制约的，要以确保投资效益，按合理工期控制总进度，又能达到质量标准为前提来分标。

（二）影响标段划分的因素

工程标段划分应在满足现场管理和工程进度需求的条件下，以能独立发挥作用的永久工程为标段划分单元；专业相同、考核业绩相同的项目，可以划分为一个标段。

（1）法律法规。对必须招标项目的范围、规模标准和标段划分作了明确规定，这是确定工程招标范围和划分标段的法律依据，招标人应依法、合理地确定项目招标内容及标段规模，不得通过拆分项目、化整为零的方式规避招标。

（2）工程管理力量。招标项目划分标段的数量、确定标段规模，与招标人的工程管理力量有关。标段的数量、规模决定了招标人需要管理合同的数量、规模和协调工作量，这对招标人的项目管理机构设置和管理人员的数量、素质、工作能力都提出了要求。如果招标人拟建立的项目管理机构比较精简或管理力量不足，就不宜划分过多的标段。

（3）工程承包管理模式。工程承包模式采用总承包合同与多个平行承包合同对标段划分的要求有很大差别。采用工程总承包模式，招标人期望把工程施工的大部分工作都交给总承包人，并且希望有实力的总承包人投标。同时，总承包人也期望发包的工程规模足够大，否则不能引起其投标的兴趣。因此，总承包方式发包的一般是较大标段工程，否则就失去了总承包的意义。而多个平行承包模式是将一个工程建设项目分成若干个可以独立、平行施工的标段，分别发包给若干个承包人承担，工程施工的责任、风险随之分散。但是工程施工的协调管理工作量随之加大。

（4）竞争格局。工程标段规模的大小和标段数量，与招标人期望引进的承包人的规模和资质等级有关，除具备总承包特级资质的承包人之外，施工承包人可以承揽的工程范围、规模取决于其工程承包资质类别、等级和注册资本金的数量。同时，工程标段规模过大必然减少投标承包人的数量，从而会影响投标竞争的效果。

（5）工期与规模。工程总工期及其进度松紧对标段划分也会产生很大的影响。标段规模小，标段数量多，进场施工的承包人多，容易集中投人资源，多个工点齐头并进赶工期，但需要发包人有相应的管理措施和充足、及时的资金保障。划分多个标段虽然能引进多个承包人进场，但也可能标段规模偏小，发挥不了规模效益，不利于吸引大型施工企业前来投标，也不利于发挥特种大型施工设备的使用效率，从而提高工程造价，并容易导致产生转包、分包现象。

（6）技术层面。技术层面的主要内容内容包括以下几方面：

①工程技术关联性。凡是在工程技术和工艺流程上关联性比较密切的部位，无法分别组织施工，不适宜划分给两个以上承包人去完成。

②工程计量的关联性。有些工程部位或分部、分项工程，虽然在技术和工艺流程方面可以区分开，但在工程量计量方面则不容易区分，这样的工程部位也不适合划分为不同的标段。

③工作界面的关联性。划分标段必须要考虑各标段区域及其分界线的场地容量和施工界面能否容纳两个承包人的机械和设施的布置及其同时施工，或者更适合于哪个承包人进场施工。如果考虑不周，则有可能制约或影响施工质量和工期。如果考虑不周，则有可能制约或影响施工质量和工期。

招标投标是一种有序的市场竞争交易方式，也是选择交易主体、订立交易合同的法律程序。我国招标投标制度既是改革开放的产物，又是规范市场竞争秩序的要求，为优化资源配置，提高经济效益，规范市场行为，构建反腐倡廉体系等方面发挥了重要作用，并随着招标投标法律体系的健全而逐步完善。

三、招标投标的工作流程

招标投标是一种特殊的市场交易方式，是采购人事先提出货物工程或服务采购的条件和要求，邀请众多投标人参加投标并按照规定程序从中选择交易对象的一种市场交易行为。也就是说，它是由招标人或招标人委托的招标代理机构通过媒体公开发布招标公告或投标邀请函，发布招标采购的信息与要求，邀请潜在投标人参加平等竞争，然后按照规定的程序和办法，通过对投标竞争者的报价、质量、工期（或交货期）和技术水平等因素，进行科学地比较和综合分析，从中择优选定中标者，并与中标者签订合同，以实现节约投资、保证质量和优化配置资源的一种特殊交易方式。招标投标的工作流程如图 1-1 所示。

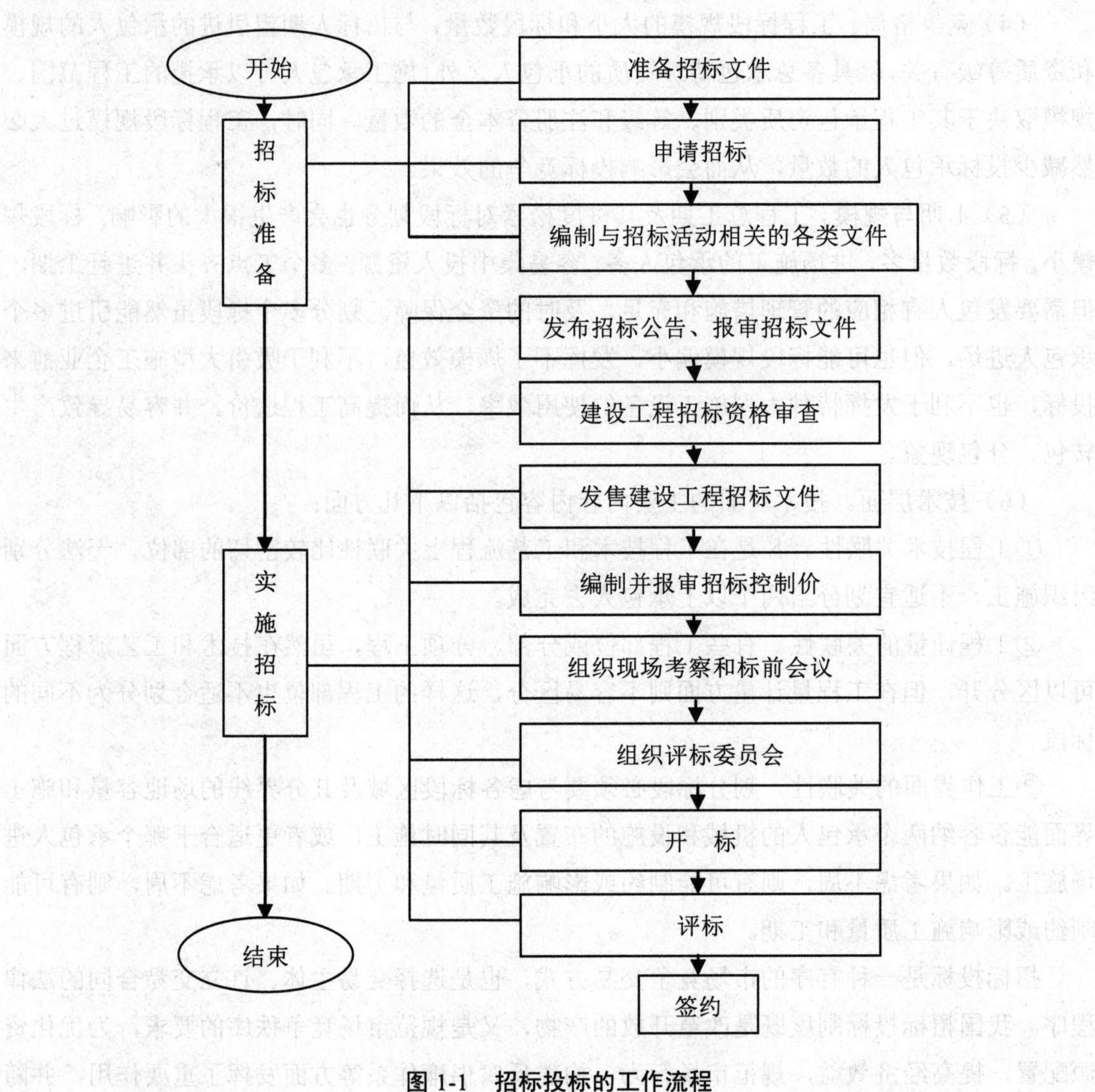

图 1-1　招标投标的工作流程

招标人事先公布有关工程货物或服务等交易业务的采购条件和要求，以吸引他人参加竞争承接。这是招标人为签订合同而进行的准备，在性质上属要约邀请。投标是投标人获悉招标人提出的条件和要求后，以订立合同为目的向招标人作出愿意参加有关任务的承接竞争，在性质上属要约。定标是招标人完全接受众多投标人中提出最优条件的投标人，在性质上属承诺。

通常，整个招标工作流程分为四个阶段：招标准备阶段、招标投标阶段、决标阶段和合同签订阶段。

（一）招标准备阶段

招标准备阶段工作的主要内容包括以下几方面：

（1）业主委托招标代理的，需签订招标代理委托合同：实行招标代理的前提条件是办理委托手续，即签订招标代理委托合同。

（2）编制招标方案。招标人下达招标任务后，招标代理机构依据招标人要求，结合招标项目特点，编制科学、合理的招标方案，完善的招标方案是做好招标的基础。

（3）编制招标公告。招标公告中须明确对投标人资质、条件、业绩、信誉的要求，目的是对潜在投标人提出准入门槛，确保有资格报名的企业具备一定类似经验，保证项目的顺利实施。

（4）编制招标文件。招标文件是招标人意志的集中反映，是投标人制作投标文件的主要依据。从结构上讲，招标文件由招投标程序、投标报价要求、技术规定、合同文件、评标方法等 5 部分有机构成。

（5）准备图纸。施工设计图纸是招标文件的一部分，既是对工程建设项目的技术描述和规定，也是投标报价编制的重要依据之一。

(6)编制工程量清单。委托专业的造价咨询机构，依据国家标准规范和管理部门要求，以施工设计图纸为基础，编制完备的工程量清单，作为投标报价的重要依据。

（7）完善招标条件。项目招标需要一定的法律、政策条件，完善工程建设项目前期审批、许可手续，取得相关证件，为项目招标做好备案准备。

（二）招标、投标阶段

招标、投标阶段工作的主要内容包括以下几方面：

（1）办理招标备案。招标开始前，应向建设行政主管部门办理招标备案，一般来说，所需要件有：招标代理委托合同、工程建设项目批准/核准/备案文件、建设项目登记备案证明、建设工程规划许可证、资金或资金来源已落实的证明、建设工程施工图设计文件审查备案书、农民工劳务工资支付保证金缴纳收据、渣土处置办结函等。

（2）发布招标公告。备案办理完毕后，凭备案编号发布招标公告，发布媒体为当地建设行政主管部门认可的网站及国家指定媒体。

（3）报审招标文件。招标备案办理完毕，向建设行政主管部门报审招标文件，招标文件一般在 3 个工作日审查完毕。

（4）接受投标人报名。招标公告发布后，在规定时间内由招标代理机构负责办理投标人报名手续。实行资格预审的项目，同时发放资格预审文件。

（5）发售招标文件、图纸、资料：招标代理机构负责向报名的投标人发放招标文件、图纸、资料，发放时间不短于 5 个工作日，自开始发放之日起至开标之日，应至少满足 20 天时间。实行资格预审的项目，应在资格预审工作结束、确定投保人名单后，才能发放招标文件、图纸、资料。

（6）组织踏勘现场。为方便投标人编制投标文件，了解项目现场情况和周边环境，一般要在招标文件发放的第 3 天组织踏勘现场。

（7）组织招标答疑。为澄清投标人的疑问，或弥补招标文件错漏，一般要在招标文件发放的第 4 天组织招标答疑，形成招标答疑文件。

（8）报审招标答疑文件。招标答疑文件在建设行政主管部门备案后，应在开标日 15 天前发放给所有招标文件收受人。如不能在上述时间完成，则应相应顺延开标日期。

（9）编制招标控制价。国有投资的工程建设项目，应委托专业的造价咨询机构编制招标控制价。

（10）报审招标控制价。招标控制价编制完毕后，应上报建设行政主管部门审查备案，一般在 3 个工作日给予审查意见。审查完毕的招标控制价应在开标日 5 天前发放给全部潜在投标人。如不能在上述时间完成，则应相应顺延开标日期。

（11）编制开标、评标文件。招标代理机构依据招标文件及招标答疑文件来编制开标、评标文件，为项目的开标、评标活动做准备。

（12）召开标前会议。开标日之前，由招标人和招标代理机构组织标前会，商讨开标、评标活动安排、评标委员会组成、注意事项等。

（13）接收投标人投标。潜在投标人依据招标文件要求的格式和内容，编制、签署、装订、密封、标识投标文件后，按照规定的时间、地点、方式递交投标文件，招标代理机构负责接收。

（14）开标。招标人及其招标代理机构应按招标文件规定的时间、地点主持开标，邀请所有投标人派代表参加，并通知监督部门。

（三）决标阶段

决标阶段工作的主要内容包括以下几方面：

（1）评标。评标由招标人依法组建的评标委员会负责。评标委员会应当充分熟悉、掌握招标项目的主要特点和需求，认真阅读研究招标文件及其评标方法、评标因素和标准、主要合同条款、技术规范等，并按照初步评审、澄清、详细评审、编写评标报告的步骤进行评标。

（2）定标。招标人依据评标委员会递交的评标报告依法确定中标人，向招标代理机构出具定标情况说明。

（3）中标公示。招标代理机构依据招标人出具的定标情况说明，在招标投标监督部门指定的媒体或场所公示中标结果。投标人在公示期内如果对招标投标活动、评标结果有异议或发现违法、违规行为，可以向招标人反映或向招标投标监督部门投诉、举报，要求调查处理。

（4）编制资料汇编并提交招标投标情况书面报告。招标人、招标代理机构在确定中标人的 15 日内，应该按有关规定将项目招标投标情况书面报告、招标资料汇编提交招标投标行政监督部门。

（5）发放中标通知书。项目招标投标情况书面报告、招标资料汇经招标投标监督部门审核无异后，向中标人发出中标通知书，同时，将结果通知所有未中标的投标人。

（四）合同签订阶段

合同签订阶段的主要工作内容有以下几方面：

（1）合同交底与谈判。招标人和中标人在不改变投标文件实质性内容的情况下，就合同文件细节进行交底和磋商。

（2）签订施工合同。招标人与中标人应当自发出中标通知书之日起 30 日内，依据中标通知书、招标、投标文件中的合同构成文件，签订合同协议书。

（3）施工合同备案。合同签订后 15 日内，招标人与中标人应共同向合同监督部门办理备案、核准或登记。

四、招标投标各方的职责及权利

招标投标各方的职责及权利如表 1-1 所示。

表 1-1 招标投标各方的职责及权利表

工作阶段	招标人或招标代理机构	投标人	评标委员会	监督管理部门
1. 招标资格与备案	自行招标的：向建设行政主管部门备案； 委托招标的：签委托代理合同	无	无	建设行政主管部门接受备案
2. 确定招标方式	按规定确定公开招标或邀请招标	无	无	无
3. 发布招标公告或资格预审公告或投标邀请书	实行公开招标的：在指定媒介发布公告； 实行邀请招标的：向 3 人以上发放投标邀请书	获得招标项目信息	无	无

4．编制、发放资格预审文件、递交资格预审申请书	编制资格预审文件，向参加投标的申请人发放；接收资格预审申请书	获取资格预审文件，按要求填写资格预审申请书，并递交	无	无
5．资格预审，确定合格的投标申请人	审查、分析资格预审申请书；确定合格投标申请人；向合格投标申请人发放资格预审合格通知书	合格投标申请人获得资格预审通知书，并提交书面回执	无	无
6．编制、发出招标文件	编制招标文件； 将招标文件发售给合格的投标申请人，同时向建设行政主管部门备案	获取招标文件； 准备投标文件	无	建设行政主管部门接受招标文件的备案
7．踏勘现场	组织投标人踏勘现场	现场踏勘； 提出问题的形式：书面形式； 获取问题解答回执	无	无
8．答疑	答疑两种形式： （1）书面形式：向所有人发放答疑纪要，同时向建设行政主管部门备案； （2）答疑会，最终要以书面形式发放并备案	获取答疑纪要回执	无	建设行政主管部门接受答疑纪要
9．招标文件的澄清、修改	招标文件的澄清、修改	获取澄清、修改文件回执	无	建设行政主部门接受招标文件澄清、修改备案
10．编制、送达与签收投标文件	接收时间； 退回逾期送达的投标文件； 开标前妥善保存投标文件	和投标担保	无	无
11．开标	招标人组织主持开标、唱标	投标人参加	无	邀请参加
12．组建评标委员会	招标人依法组建评标委员会	无	无	监督管理

13．评标	组织唱标	对评标委员会的澄清内容进行书面答复或答辩	评标委员会评标；就投标的内容进行澄清或答辩；完成评标；推荐或确定中标人；编写评标报告	监督管理
14．招标情况书面报告或备案	招标人编写招标投标书面情况报告，确定中标人，15日内向建设行政主管部门备案	无	无	建设行政主管部门接受备案
15．发出中标通知书	向中标人发出中标通知书并同时向未中标人发出中标结果；解答质疑	中标人接受中标通知书、未中标人接受中标结果或提出质疑	辅助解决争议，提供证据	接受质疑或投诉
16．签署合同	签合同； 办理、提交支付担保； 退回中标人及未中标人的投标保证金； 办理合同备案	中标人签署合同；办理、提交履约担保；接受投标保证金回执（注意：投标保证金不能抵作履约保证金）	无	建设行政主管部门接受备案

第二节 工程招标项目

工程招标要正确分析掌握工程建设项目的使用功能、规模、标准、节能、环境影响和质量、造价、工期等技术经济和管理特征以及相应的采购需求目标，选择确定招标的各项评审因素和标准，并通过招标选择合适的工程承包人以及合理可行的工程施工组织设计，实现工程建设项目的需求目标。

一、工程招标项目的需求

唯一性、一次性、产品固定性、要素流动性、系统性、风险性等特征，其中：唯一性、产品固定性和要素流动性是三个最基本特征，决定或影响了其他技术、经济和管理特征及其管理方式和手段，因而也是工程招标需要把握的三个基本因素。

（一）工程的管理和承包方式

工程建设项目前期应该根据工程建设项目不同性质、类型、资金来源的特点以及对建设工期、质量、投资控制、风险承担的不同需求，研究选择合适的工程建设项目管理方式和工程承包方式。工程建设项目管理方式和承包方式的不同，导致招标人和承包人工作内容范围、权利、义务、责任和风险等方面的不同，因而对工程招标条件、投标资格条件、评标标准和评标方法、合同条款等都有不同的要求。

1．施工承包方式

工程设计和施工分离，分别由不同主体负责实施，工程承包人按照招标人提供的设计图纸和技术规范施工。由各承包人分别向招标人负责，适用招标人愿意较深入地介入设计控制及对设计和施工的相互协调管理，并希望分散承担风险的情况。

该承包模式的建设周期一般较长，责任较难界定，设计与施工间的管理协调工作比较复杂，容易发生纠纷，工程质量、进度、造价控制较难。但这种工程承包模式的运用简单、成熟，对承发包双方的素质要求不高，且招标人对工程设计和施工各阶段实施的控制影响力较大，风险亦较分散。

2．设计-施工一体化承包方式

典型模式有：“设计+施工”（D+B）、“设计采购建造”（EPC）及“工厂设备与设计+施工”（P&D+B）等。

一般适用于工程建设项目规模大、专业技术性强、管理协调工作复杂、招标人对设计施工的管理力量薄弱，且愿意将大部分风险转移给一个承包人的情况。

有利于工程设计与施工之间的衔接配合，可以避免相互脱节而引起的差错、遗漏、变更、返工及纠纷；可以合理组织分段设计与施工，缩短建设工期。但招标人对工程设计细节和施工的调控影响力较小，所以通过招标选择设计施工专业素质以及综合协调管理水平较高的总承包人，并合理清晰界定相关责任、风险显得至关重要。

两者最大区别是设计-施工一体化承包方式的招标人不再提供工程设计图纸，只提供基本的工程方案设计/工艺设计作为招标条件，而将此后的工程设计与施工责任及相应风险转移给一个总承包人。

这种工程承包方式有利于工程设计与施工之间的衔接配合，可以避免相互脱节而引起的差错、遗漏、变更、返工及纠纷；可以合理组织分段设计与施工，缩短建设工期。但招标人对工程设计细节和施工的调控影响力较小，所以通过招标选择设计施工专业素质及综合协调管理水平较高的总承包人，并合理清晰界定相关责任、风险显得至关重要。

设计-施工一体化承包方式既可以在工程建设项目总承包层面采用，其承包人被称为“工程总承包人”，也可以在一个建设工程建设项目内的单位工程、分部工程和分项专业工程层面采用，其承包人被称为“专业工程设计-施工一体化承包人”。

（二）工程材料设备的供应方式

1．承包人采购

责任风险均由承包人承担，采购和结算操作管理简单。适用于工期比较短、规模较小或材料设备技术规格简单的工程建设项目。工期较长的大型工程建设项目，宜在合同条款中设置相应材料设备的价格调整条款，以减少价格波动给承包人带来的过多风险。

2．招标人自行采购供货

招标人为了控制工程建设项目中某些大宗的、重要的、新型特殊材料设备的质量和价格，通常采取自行采购供货的方式。

加大了招标人的采购控制权，也加大了招标人的责任和风险，材料设备价格的市场波动、规格匹配、质量控制、按计划供应以及与承包人的衔接等责任风险也随之由招标人承担，从而减轻了承包人相应的责任和风险。

3．招标人与承包人联合采购供货

招标人联合承包人以招标方式组织材料、设备采购，或由承包人选择，招标人决策，承包人与供货商签订并履行货物采购合同。

招标人是提出招标项目、进行招标的法人或者其他组织。招标人分为两类：①法人。法人，是指依法注册登记，具有独立的民事权利能力和民事行为能力，依法享有民事权利和承担民事义务的组织，包括企业法人和机关、事业单位及社会团体法人。②其他组织。其他组织指合法成立、有一定的组织机构和财产，但又不具备法人资格的组织，如合伙组织、企业的分支机构等。

（三）工程质量控制

工程质量包括各分部分项工程及其施工工序质量、使用材料设备质量。工程质量主要通过两个环节控制：第一是采购材料、设备、构配件，应该注意控制规格、标准、质地和性能指标；第二是控制分部分项工程及其工序的施工质量。

控制和检验工程材料质量和施工质量的技术规范、规程或技术标准是招标文件的重要组成内容，通常有两种表现形式：①国家制定的各种技术规范标准。②工程规模较大、技术比较复杂、专业技术要求高的项目，没有现成的国家规范和技术标准时，通常需要编制专用技术规范。

（四）工程造价控制

一般按建设程序划分为四种目标形式：工程建设项目可行性研究投资估算、工程初步设计概算、工程施工图预算造价、工程结算造价与竣工决算投资。工程建设项目造价控制次序是：项目投资估算控制工程设计概算，工程设计概算控制工程施工图预算，工程施工图预算控制工程结算造价与竣工决算投资。

工程勘察设计及其概算是工程建设项目造价控制的第一个关键阶段，工程勘察设计成果的规模、标准、深度、精确性和完整性直接决定和影响工程造价的控制目标和成果。

工程施工招标形成工程中标合同价格，是工程建设项目造价控制的第二个重要阶段。工程施工招标造价控制应注意以下三个环节：

（1）合理设置工程招标项目造价控制目标。不能以标底为基准设置投标报价的有效范围或直接作为评价投标报价竞争合理性以及确定中标人的依据。

（2）规范投标报价是控制工程造价的基础。

首先要实施工程量清单招标和统一计量规则。工程量清单招标实行了量价分离，统一计量规则，使招标投标双方合理分担风险，招标人承担了工程量的风险，投标人承担了工程报价的风险，并可以在合同履行中规范计量和控制工程价款，这是投标报价的规范性要求。

其次，招标文件中规定的工程承包范围与工程报价范围要一致，并且各标段的工程界面要清晰，使投标报价的范围边界清晰，防止缺漏项目，否则，合同履行中容易产生纠纷。这是投标报价的详尽性要求。

最后，投标报价要接近市场价格水平，并有一定的利润空间，否则，中标承包人便失去了按质、按期完成工程的动力和能力。这是投标报价的合理性要求。

（3）合同履行是控制落实工程造价的具体实施阶段（合同的计量支付条款、合同索赔条款、合同价格调整）。

（五）工程进度控制

通常，工程进度控制的主要工作内容有以下几个方面：

（1）工程实施条件。

（2）工程规模。工程规模是决定工程建设进度的主要因素，在其他条件一定时，工程规模越大，需要的建设周期就越长。

（3）工程施工工序。

（4）施工作业面数量和工作面移交时间。在满足工程施工技术程序的条件下，一般同时展开的施工作业面数量越多，工作面移交时间越早，工程的实施进度就越快。

（5）施工的资源投入。

（6）外部环境影响因素。

（六）工程风险控制

工程建设项目存在着一系列风险，有些可以预见，有些是不可预见的。特别是自然风险及受社会政治和经济影响的风险，是随机变化，难以控制。

工程风险按潜在损失形态分类，可分为工程财产损失险、人身意外伤害险和第三者责任风险等；工程风险如按损失承担主体分类，又可分为发包人风险、承包人风险和其他责任人风险等。招标人应分析工程的各种风险特征，设定严密的合同条款以控制、规避和转移风险。招标文件中有很多条款的设定与风险处理方式有关。例如划分发包人与承包人的责任及风险的条款；设置保险条款转移一部分风险；设置法规政策调整条款分担法规政策改变所引起的价格风险；设置工程变更和市场价格波动条款合理分担技术和市场风险等。

建设项目管理的主要任务就是按照系统工程理论，采用科学、有效的项目组织管理方式和方法，保证项目管理系统的各种建设要素和责任单元动态协调、统一运行，最终实现工程建设项目的总体目标。这就是工程建设项目的系统协调性特点。

同时，工程建设项目又具有较强的程序性和连续性。工程建设项目的决策、设计、施工等工作程序之间以及各专业、单项、分部、分项工程的技术管理工作之间具有一定的关联性、连续性，这是工程建设项目的又一个特征。招标的内容、顺序和时间安排必须注意分析把握工程建设这种程序性和连续性，既不能违反程序，也不能分割相互的关联和连续性，否则必然会影响工程建设的质量、造价和进度。

二、工程招标的方法、特点、原则、特性及范围

（一）工程招标的方法

根据《中华人民共和国招标投标法》（以下简称《招标投标法》）的规定，建设工程招标办法有两种。

1．自行招标

自行招标是指招标人自身具有编制招标文件和组织评标能力，依法可以自行办理招标。招标人是指依照法律规定进行工程建设项目的勘察、设计、施工、监理以及与工程建设有关的重要设备、材料等招标的法人。

招标人自行办理招标事宜，应当具有编制招标文件和组织评标的能力，具体包括：

（1）具有项目法人资格（或者法人资格）。

（2）具有与招标项目规模和复杂程度相适应的工程技术、概预算、财务和工程管理等方面专业技术力量。

（3）有从事同类工程建设项目招标的经验。

（4）设有专门的招标机构或者拥有3名以上专职招标业务人员。

（5）熟悉和掌握招标投标法及有关法规规章。

招标人自行招标的，项目法人或者组建中的项目法人应当在向国家计委上报项目可行性研究报告时，一并报送符合《建设工程项目自行招标试行办法》规定的书面材料。书面材料应当至少包括以下几个方面：

① 项目法人营业执照、法人证书或者项目法人组建文件。

② 与招标项目相适应的专业技术力量情况。

③ 内设的招标机构或者专职招标业务人员的基本情况。

④ 拟使用的专家库情况。

⑤ 编制过的同类工程建设项目招标文件和评标报告，以及招标业绩的证明材料。

⑥ 其他材料。

国家计委审查招标人报送的书面材料，核准招标人符合《建设工程项目自行招标试行办法》规定的自行招标条件的招标人可以自行办理招标事宜。任何单位和个人不得限制其自行办理招标事宜，也不得拒绝办理工程建设有关手续。

国家计委审查招标人报送的书面材料，认定招标人不符合《建设工程项目自行招标试行办法》规定的自行招标条件的，在批复可行性研究报告时，要求招标人委托招标代理机构办理招标事宜。

招标人不具备自行招标条件，不影响国家计委对项目可行性研究报告的审批。

招标人自行招标的，应当自确定中标人之日起十五日内，向国家计委提交招标投标情况的书面报告。书面报告至少应包括以下内容：

① 招标方式和发布招标公告的媒介。

② 招标文件中投标人须知、技术规格、评标标准和方法、合同主要条款等内容。

③ 评标委员会的组成和评标报告。

④ 中标结果。

招标人不按本办法规定要求履行自行招标核准手续的或者报送的书面材料有遗漏的，国家计委要求其补正；不及时补正的，视同不具备自行招标条件。招标人履行核准手续中有弄虚作假情况的，视同不具备自行招标条件。

任何单位和个人非法强制招标人委托招标代理机构或者其他组织办理招标事宜的，非

法拒绝办理工程建设有关手续的，或者以其他任何方式非法干预招标人自行招标活动的，由国家计委依据招标投标法的有关规定处罚或者向有关行政监督部门提出处理建议。

2．委托招标

委托招标是指招标人委托招标代理机构，在招标代理权限范围内，以招标人的名义组织招标工作。作为一种民事法律行为，委托招标属于委托代理的范畴。其中，招标人为委托人，招标代理机构为受托人。这种委托代理关系的法律意义在于，招标代理机构的代理行为以双方约定的代理权限为限，招标人因此将对招标代理机构的代理行为及其法律后果承担民事责任。《招标投标法》的规定：招标人有权自行选择招标代理机构，委托其办理招标事宜。任何单位和个人不得以任何方式为招标人制定招标代理机构。

根据《招标投标法》的规定，招标代理机构必须具备以下几方面条件：

（1）有从事招标代理业务的营业场所和相应资金。

（2）有能够编制招标文件和组织评标的相应专业力量。

（3）有符合《招标投标法》规定条件、可以作为评标委员会成员人选的技术、经济等方面的专家库。为保证评标的公正性和权威性，《招标投标法》规定：评标由招标人依法组建的评标委员会负责。依法必须进行招标的项目，其评标委员会由招标人的代表和有关技术、经济等方面的专家组成，成员人数为五人以上单数，其中技术、经济等方面的专家不得少于成员总数的 2/3。因此，招标代理机构应当备有依法可以作为评标委员会成员人选的技术、经济等方面的专家库，其中所储备的专家均应当从事相关领域工作 8 年以上并具有高级职称或者具有同等专业水平。

招标代理机构应当在招标人委托的范围内办理招标事宜。招标代理实质是代理制度中的一种委托代理。代理制度规定代理人在代理权限范围内进行代理活动，超出代理权限范围的为无权代理。无权代理结果是有效或无效取决于代理人的追认或拒绝。

（二）招标投标的特点

建设工程施工是指把设计图纸变成预期的建筑新产品的活动。施工招标投标是目前我国建设工程招标投标中开展得比较早、比较多、比较好的一类，其程序和相关制度具有代表性、典型性，甚至可以说，建设工程其他类型的招标投标制度都是承袭施工招标投标制度而来的。就施工招标投标本身而言，其特点主要有以下几个方面：

（1）招标重要条件上，比较强调建设资金的充分到位。

（2）招标方式上，强调公开招标、邀请招标，议标方式受严格限制甚至被禁止。

（3）投标和评标定标中，要综合考虑价格、工期、技术、质量安全、信誉等因素，价格因素所占分量比较突出，可以说是关键的一环，常常起决定性作用。

（三）招标投标的原则

招投标活动应遵循四点基本原则。

1．公开原则

招标投标活动的公开原则，首先要求进行招标活动的信息要公开。采用公开招标方式，应当发布招标公告，依法必须进行招标的项目的招标公告，必须通过国家指定的报刊、信息网络或者其他公共媒介发布。无论是招标公告、资格预审公告，还是投标邀请书，都应当载明能大体满足潜在投标人决定是否参加投标竞争所需要的信息。另外开标的程序、评标的标准和程序、中标的结果等都应当公开。

2．公正原则

在招标投标活动中招标人行为应当公正，对所有的投标竞争者都应平等对待，不能有特殊。特别是在评标时，评标标准应当明确、严格，对所有在投标截止日期以后送到的投标书都应拒收，与投标人有利害关系的人员都不得作为评标委员会的成员。招标人和投标人双方在招标投标活动中的地位平等，任何一方不得向另一方提出不合理的要求，不得将自己的意志强加给对方。

3．公平原则

招标投标活动的公平原则，要求招标人严格按照规定的条件和程序办事，同等地对待每一个投标竞争者，不得对不同的投标竞争者采用不同的标准。招标人不得以任何方式限制或者排斥本地区、本系统以外的法人或者其他组织参加投标。

4．诚实信用原则

诚实信用是民事活动的一项基本原则，招标投标活动是以订立采购合同为目的的民事活动，当然也适用这一原则。诚实信用原则要求招标投标各方都要诚实守信，不得有欺骗、背信的行为。

（四）招标投标的特性

通常，招标投标具有以下几点特性：

（1）竞争性。有序竞争，优胜劣汰，优化资源配置，提高社会和经济效益。这是社会主义市场经济的本质要求，也是招标投标的根本特性。

（2）程序性。招标投标活动必须遵循严密规范的法律程序。《招标投标法》及相关法律政策，对招标人从确定招标采购范围、招标方式、招标组织形式直至选择中标人并签订合同的招标投标全过程每一环节的时间、顺序都有严格、规范的规定，不能随意改变。任何违反法律程序的招标投标行为，都可能侵害其他当事人的权益，必须承担相应的法律后果。

（3）规范性。《招标投标法》及相关法律政策，对招标投标各个环节的工作条件、内容、范围、形式、标准以及参与主体的资格、行为和责任都作出了严格的规定。

（4）一次性。投标要约和中标承诺只有一次机会，且密封投标，双方不得在招标投标过程中就实质性内容进行协商谈判，讨价还价，这也是与询价采购、谈判采购以及拍卖竞价的主要区别。

（5）技术经济性。招标采购或出售标的都具有不同程度的技术性，包括标的使用功能和技术标准、建造、生产和服务过程的技术及管理要求等；招标投标的经济性则体现在中标价格是招标人预期投资目标和投标人竞争期望值的综合平衡。

（五）招标项目的范围

1．必须进行招标项目的范围

《中华人民共和国招标投标法》（以下简称“招标投标法”）第三条：在中华人民共和国境内进行下列建设工程项目包括项目的勘察、设计、施工、监理以及与建设工程有关的重要设备、材料等的采购，必须进行招标：

（1）大型基础设施、公用事业等关系社会公共利益、公众安全的项目。

（2）全部或者部分使用国有资金投资或者国家融资的项目。

（3）使用国际组织或者外国政府贷款、援助资金的项目。

1）基础设施项目的范围

关系社会公共利益、公众安全的基础设施项目的范围主要包括以下几个方面：

（1）铁路、公路、管道、水运、航空以及其他交通运输业等交通运输项目。

（2）煤炭、石油、天然气、电力、新能源等能源项目。

（3）邮政、电信枢纽、通信、信息网络等邮电通信项目。

（4）道路、桥梁、地铁和轻轨交通、污水排放及处理、垃圾处理、地下管道、公共停车场等城市设施项目。

（5）防洪、灌溉、排涝、供水、滩涂治理、水土保持、水利枢纽等水利项目。

（6）生态环境保护项目。

（7）其他基础设施项目。

2）公用事业项目的范围

关系社会公共利益、公众安全的公用事业项目的范围主要包括以下几方面：

（1）供水、供电、供气、供热等市政工程项目。

（2）商品住宅，包括经济适用住房。

（3）科技、教育、文化等项目。

（4）卫生、社会福利等项目。

（5）体育、旅游等项目。

（6）其他公用事业项目。

3）国有资金投资项目的范围

使用国有资金投资项目的范围主要包括以下几方面：

（1）使用各级财政预算资金的项目。

（2）使用纳入财政管理的各种政府性专项建设基金的项目。

（3）使用国有企业单位自有资金，并且国有资产投资者实际拥有控制权的项目。

4）国家融资项目的范围

国家融资项目的范围主要包括以下几方面：

（1）使用国家发行债券所筹资金的项目。

（2）使用国家对外借款或者担保所筹资金的项目。

（3）使用国家政策性贷款的项目。

（4）国家授权投资主体融资的项目。

（5）国家特许的融资项目。

项目的勘察、设计、施工、监理以及与建设工程有关的重要设备、材料等的采购，达到下列标准之一的，必须进行招标：

（1）重要设备、材料等货物的采购，单项合同估算价在100万元人民币以上的。

（2）施工单项合同估算价在200万元人民币以上的。

（3）勘察、设计、监理等服务的采购，单项合同估算价在50万元人民币以上的。

（4）单项合同估算价低于第（1）、（2）、（3）项规定的标准，但项目总投资额在3000万元人民币以上的。

2．可以不进行招标的项目范围

《招标投标法》规定了可以不进行招标的项目，即可以采用直接发包方式来进行发包的项目。它主要有以下几类：

（1）涉及国家安全、国家秘密、抢险救灾或者属于利用扶贫资金实行以工代赈、需要使用农民工等特殊情况，不适宜进行招标的项目，按照国家规定可以不进行招标。

（2）建设项目的勘察、设计，采用特定专利或者专有技术的，或者其建筑艺术造型有特殊要求的，经项目主管部门批准，可以不进行招标。

（3）法律法规规定的其他情形。

三、建筑工程市场的资质管理

建筑活动的专业性及技术性都很强，而且建设工程投资大、周期长，一旦发生问题将给社会和人民的生命财产造成极大损失。因此，为保证建设工程的质量和安全，对从事建设活动的单位和专业技术人员必须实行从业资格管理，即资质管理制度。

建筑市场中的资质管理包括两类：一类是对从业企业的资质管理；另一类是对专业人士的资格管理。

（一）从业企业资质管理

我国《建筑法》规定，对从事建筑活动的施工企业、工程咨询机构（含监理单位）实行资质管理。

建筑业企业（承包商）是指从事土木工程、建筑工程、线路管道及设备安装工程、装修工程等的新建、扩建、改建活动的企业。我国的建筑业企业分为施工总承包企业、专业承包企业和劳务分包企业。施工总承包企业又按工程性质分为房屋、公路、铁路、港口、水利、电力、矿山、冶金、化工石油、市政公用、通讯、机电等12个类别；专业承包企业又根据工程性质和技术特点划分为60个类别；劳务分包企业按技术特点划分为13个类别。

工程施工总承包企业资质等级分为特、一、二、三级；施工专业承包企业资质等级分为一、二、三级；劳务分包企业资质等级分为一、二级。这三类企业的资质等级标准，由建设部统一组织制定和发布。工程施工总承包企业和施工专业承包企业的资质实行分级审批。特级和一级资质由建设部审批；二级以下资质由企业注册所在地省、自治区、直辖市人民政府建设主管部门审批；劳务分包系列企业资质由企业所在地省、自治区、直辖市人民政府建设主管部门审批。经审查合格的企业，由资质管理部门颁发相应等级的建筑业企业(施工企业)资质证书。建筑业企业资质证书由国务院建设行政主管部门统一印制，分为正本（1本）和副本（若干本)，正本和副本具有同等法律效力。任何单位和个人不得涂改、伪造、出借、转让资质证书，复印的资质证书无效。

（二）我国建筑业企业承包工程范围

我国建筑业企业承包工程主要包括施工总承包企业、专业承包企业和劳务包企业。

1．施工总承包企业

施工总承包企业分为特级、一级和二级三个等级。

（1）特级：（以房屋建筑工程为例）可承担各类房屋建筑工程的施工。

（2）一级：（以房屋建筑工程为例）可承担单项建安合同额不超过企业注册资本金5倍的下列房屋建筑工程的施工：①40层及以下、各类跨度的房屋建筑工程；②高度240米及以下的构筑物；③建筑面积20万平方米及以下的住宅小区或建筑群体。

（3）二级：（以房屋建筑工程为例）可承担单项建安合同额不超过企业注册资本金5倍的下列房屋建筑工程的施工：①28层及以下、单跨跨度36米及以下的房屋建筑工程；

②高度120米及以下的构筑物；③建筑面积12万平方米及以下的住宅小区或建筑。

（4）三级：（以房屋建筑工程为例）可承担单项建安合同额不超过企业注册资本金5倍的下列房屋建筑工程的施工：①14层及以下、单跨跨度24米及以下的房屋建筑工程；②高度70米及以下的构筑物；③建筑面积6万平方米及以下的住宅小区或者建筑。

2．专业承包企业

专业承包企业分为一级、二级和三级三个等级。

（1）一级：（以地基与基础工程为例）可承担各类地基与基础工程的施工。

（2）二级：（以地基与基础工程为例）可承担工程造价1000万元及以下各类地基与基础工程的施工。

（3）三级：（以地基与基础工程为例）可承担工程造价300万元及以下各类地基与基础工程的施工。

3．劳务包企业

劳务包企业分为一级和二级两个等级。

（1）一级：（以砌筑作业为例）可承担各类工程砌筑作业(不含各类工业炉砌筑)分包业务，但单项业务合同额不超过企业注册资本金的5倍。

（2）二级：（以砌筑作业为例）可承担各类工程砌筑作业(不含各类工业炉窑砌筑)分包业务，但单项业务合同额不超过企业注册资本金的5倍。

（三）工程招标代理企业的资质管理

招标代理是指工程招标代理机构接受招标人的委托，从事工程的勘察、设计、施工、监理以及与工程建设有关的重要设备（进口机电设备除外）、材料采购招标的代理业务。

工程招标代理机构资格分为甲级、乙级和暂定级。①甲级工程招标代理机构可以承担各类工程的招标代理业务。②乙级工程招标代理机构只能承担工程总投资1亿元人民币以下的工程招标代理业务。③暂定级工程招标代理机构，只能承担工程总投资6000万元人民币以下的工程招标代理业务。

工程招标代理机构可以跨省、自治区、直辖市承担工程招标代理业务。

（四）专业人士资格管理

专业人士在建筑市场管理中起着非常重要的作用。由于他们的工作水平对工程项目建设成败具有重要的影响，对专业人士的资格条件要求很高。从某种意义上说，政府对建筑市场的管理，一方面要靠完善的建筑法规，另一方面要依靠专业人士。

我国专业人士制度是近几年才从发达国家引入的。目前，已经确定专业人士的种类有建筑工程师、结构工程师、监理工程师、造价工程师、招标工程师等。由全国资格考试委员会负责组织专业人士的考试。由建设行政主管部门负责专业人士注册。专业人士的资格和注册条件为：大专以上的专业学历、参加全国统一考试且成绩合格、具有相关专业的实践经验即可取得注册工程师资格。

建筑行业从业人员实行从业与执业的双重管理。从业人员一般应具有相应专业的学历及职称，或经相应技能的培训，获得职称证书或上岗证书。而执业资格则是指从业人员具有相应的注册执业资格证书，目前国家已实行涉及建筑业的主要执业资质有以下几类：

（1）施工管理类：一、二级注册建造师。

（2）管理咨询类：注册监理工程师、注册造价工程师、注册安全工程师。

（3）勘察设计类：一、二级注册建筑师，一、二级注册结构工程师，注册设备工程师、注册电气工程师。

（4）一般咨询类：建筑业、服务业、高科技产业、政府机构等注册咨询师。

四、招标投标行政监督管理

政府针对招标投标活动实施行政监督主要分为程序监督和实体监督两种。程序监督是指政府针对招标投标活动是否严格执行法定程序实施的监督；实体监督是指政府针对招标投标活动是否符合《招标投标法》及有关配套规定的实体性要求实施的监督。

（一）行政监督的内容

行政监督主要包括以下几个方面内容：

（1）依法必须招标项目的招标方案(含招标范围、招标组织形式和招标方式)是否经过项目审批部门核准。

（2）依法必须招标项目是否存在以化整为零或其他任何方式规避招标等违法行为。

（3）公开招标项目的招标公告是否在国家指定媒体上发布。

（4）招标人是否存在以不合理的条件限制或者排斥潜在投标人。

（5）招标代理机构是否存在泄露应当保密的与招标投标活动有关情况和资料，或者与招标人、投标人串通损害国家利益、社会公共利益或者他人合法权益等违法行为。

（6）招标人是否存在向他人透露已获取招标文件的潜在投标人的名称、数量或可能影响公平竞争的有关招标投标的其他情况的，或泄露标底，或违法与投标人就投标价格、投标方案等实质性内容进行谈判等违法行为。

（7）投标人是否存在相互串通投标或与招标人串通投标，或以向招标人或评标委员会成员行贿的手段谋取中标，或者以他人名义投标或以其他方式弄虚作假骗取中标等违法行为。

（8）评标委员会的组成、产生程序是否符合法律规定。

（9）评标活动是否按照招标文件确定的评标方法和标准在保密的条件下进行的。

（10）招标人是否在评标委员会依法推荐的候选人以外确定中标人的违法行为。

（11）招标投标的程序、时限是否符合法律规定。

（12）中标合同签订是否及时、规范，合同内容是否与招标文件和投标文件相符，是否存在违法分包、转包。

（13）实际执行的合同是否与中标合同内容一致等。

（二）行政监督的方式

行政监督的方式主要有八种，包括核准招标方案、自行招标备案、现场监督、招标投标情况书面报告、受理投诉举报、招标代理机构资格管理、监督检查和实施行政处罚。

（1）核准招标方案。按照《国务院有关部门实施招标投标活动行政监督的职责分工意见的通知》规定，必须招标的项目在开展招标活动之前，招标人应当将招标方案报项目审批部门核准。项目审批部门对必须招标项目的核准内容包括：建设项目具体招标范围（全部招标或者部分招标）、招标组织形式（委托招标或自行招标）、招标方式（公开招标或邀请招标）。招标人应当按照项目审批部门的核准意见进行招标活动。

（2）自行招标备案。按照《招标投标法》规定，依法必须招标的项目，具有编制招标文件和组织评标能力的，可以自行办理招标事宜，但是应当向有关行政监督部门备案。

（3）现场监督。现场监督，是指县级以上人民政府有关部门工作人员在开标、评标的现场行使监督权，及时发现并制止有关违法行为。

（4）招标投标情况书面报告。招标人应当自确定中标人之日起十五日内，向有关行政监督部门提交招标投标情况的书面报告。

（5）受理投诉举报。《招标投标法》第六十五条规定："投标人和其他利害关系人认为招标投标活动不符合法律规定的，有权依法向有关行政监督部门投诉。"另外，其他任何单位和个人认为招标投标活动违反有关法律规定的，也可以向有关行政监督部门举报。有关行政监督部门应当依法受理和调查处理。

（6）招标代理机构资格管理。国家发展改革委、建设部、财政部、商务部、科技部、药品监督管理局和卫生部等有关部门分别负责各行业招标代理机构的资格管理和监督管理。

（7）监督检查。按照《招标投标法》及有关配套规定，各级政府行政机关对招标投标活动实施行政监督时，可以采用专项检查、重点抽查、调查等方式，调查和核实招标投标活动是否存在违法行为。

（8）实施行政处罚。《招标投标法》及有关法律法规规章对招标投标活动中违法行为及行政处罚作出了具体规定，有关行政监督部门通过各种监督方式发现并经调查核实有关招标投标违法行为后，应当依法对违法行为人实施行政处罚。

（三）违反责任

责令限期改正，可处项目合同金额千分之五以上千分之十以下的罚款；对全部或者部分使用国有资金的项目，可以暂停项目执行或者暂停资金拨付；对单位直接负责的主管人员和其他直接责任人员依法给予处分。

第三节　资格预审文件的编制

招标资格预审文件是告知投标申请人资格预审条件、标准和方法，并对投标申请人的经营资格、履约能力进行评审，确定合格投标人的依据。工程招标资格预审文件的基本内容和格式可参考《中华人民共和国标准施工招标资格预审文件》（2007年版），招标人应结合招标项目的技术管理特点和需求，按照以下基本内容和要求编制招标资格预审文件。

一、资格预审公告

资格预审公告是：招标人通过媒介发布公告，表示招标项目采用资格预审的方式，公开选择条件合格的潜在投标人，使感兴趣的潜在投标人了解招标项目的情况及资格条件，前来购买资格预审文件，参加资格预审和投标竞争。

（一）资格预审公告的主要内容

资格预审公告主要包括以下几方面内容：

（1）招标项目的条件。包括项目审批、核准或备案机关名称、资金来源、项目出资比例、招标人的名称等。

（3）项目概况与招标范围。包括本次招标项目的建设地点、规模、计划工期、招标范围、标段划分等。

（2）对申请人的资格要求。包括资质等级与业绩是否接受联合体申请、申请标段数量。

（5）资格预审方法，表明是采用合格制还是有限数量制。

（4）资格预审文件的获取时间、地点和售价。

（6）资格预审申请文件的提交地点和截止时间。

（7）同时发布公告的媒介名称。

（8）联系方式，包括招标人、招标代理机构项目联系人的名称、地址、电话等。

资格预审公告应当在国家指定的媒介发布。对不是必须招标的项目，招标人可以自由选择资格预审公告的发布媒介。建设部规定依法必须进行施工公开招标的工程项目，除了应当在国家或者地方指定的报刊、信息网络或者其他媒介上发布资格预审公告，并同时在中国工程建设和建筑业信息网上发布资格预审公告。

（二）申请人须知

1．申请人须知编写内容及要求

申请人须知编写内容及要求主要包括以下几方面：

（1）招标人及招标代理机构的名称、地址、联系人与电话，便于申请人联系。

（2）工程建设项目基本情况。工程建设项目基本情包括项目名称、建设地点、资金来源、出资比例、资金落实情况、招标范围、标段划分、计划工期、质量要求，使申请人了解项目基本概况。

（3）申请人资格条件。告知投标申请人必须具备的工程施工资质、近年类似业绩、资金财务状况、拟投入人员、设备等技术力量等资格能力要素条件和近年发生诉讼、仲裁等履约信誉情况以及是否接受联系体投标等要求。

（4）时间安排。明确申请人提出澄清资格预审文件要求的截止时间，招标人澄清、修改资格预审文件的截止时间，申请人确认收到资格预审文件澄清、修改文件的时间和资格预审申请截止时间，使投标申请人知悉资格预审活动的时间安排。

（5）申请文件的编写要求。明确申请文件的签字或盖章要求、申请文件的装订及文件份数，使投标申请人知悉资预审文件的编写格式。

（6）申请文件的递交规定。明确申请文件的密封和标识要求、申请文件递交的截止时间及地点、是否退还，以使投标人能够正确递交申请文件。

（7）简要写明资格审查采用的方法，资格预审结果的通知时间及确认时间。

2．总则

总则中要把招标工程建设项目概况、资金来源和落实情况、招标范围和计划工期及质量要求叙述清楚，声明申请人资格要求，明确预审申请文件编写所用的语言，以及参加资格预审过程的费用承担者。

3．资格预审文件

（1）资格预审文件由资格资格预审公告、申请人须知、资格审查办法、资格预审申请文件格式、项目建设概况以及对资格预审文件的澄清和修改构成。

（2）资格预审文件的澄清。要明确申请人提出澄清的时间、澄清问题的表达形式，招标人的回复时间和回复方式，以及申请人对收到答复的确认时间及方式。

（3）资格预审文件的修改。明确招标人对资格预审文件进行修改、通知的方式及时间，以及申请人确认的方式及时间。

（4）资格预审申请文件的编制。招标人应在本处明确告知资格预审申请人，资格预审申请文件的组成内容、编制要求、装订及签字要求。

（5）资格预审申请文件的递交。招标人一般在这部分明确资格预审申请文件应按统一的规定和要求进行密封和标识，并在规定的时间和地点递交。对于没有在规定地点、时间递交的申请文件，一律拒绝接收。

（6）资格预审申请文件的审查。资格预审申请文件由招标人依法组建的审查委员会按照资格预审文件规定的审查办法审查。

（7）通知和确认。明确审查结果通知时间及方式，以及合格申请人的回复方式及时间。

（8）纪律与监督。对资格预审期间纪律、保密、投诉以及对违纪的处置方式进行规定。

（三）资格审查办法

（1）合格制。一般情况下，采用合格制，凡符合资格预审文件规定资格条件标准的投标申请人，即取得相应投标资格。合格制中，满足条件的投标申请人均获得投标资格。其优点是：投标竞争性强，有利于获得更多、更好的投标人和投标方案，对满足资格条件的所有投标申请人公平、公正。缺点是：投标人可能较多，从而加大投标和评标工作量，浪费社会资源。

（2）有限数量制。当潜在投标人过多时，可采用有限数量制。招标人在资格预审文件中既要规定投标资格条件、标准和评审方法，又应明确通过资格预审的投标申请人数量。例如，采用综合评估法对投标申请人的资格条件进行综合评审，根据评价结果的优劣排序，并按规定的限制数量择优错选择对过资格预审的投标申请人。目前除各行业部门规定外，尚未统一规定合格申请人的最少数量，原则上满足3家以上。

采用有限数量制一般有利于降低招标投标活动的社会综合成本，但在一定程度上可能限制了潜在投标人的范围。

（四）资格预审申请文件

投标单位在获悉招标公告或投标邀请后，应当按照招标公告或投标邀请书中所提出的资格审查要求，向招标单位申报资格审查。资格审查是投标单位投标过程中的第一关。

为了证明自己符合资格预审须知规定的投标资格和合格条件要求，具备履行合同的能力，参加资格预审的投标单位应当提交资格预审申请文件。

（五）工程建设项目概况

工程建设项目概况的内容包括项目说明、建设条件、建设要求和其他需要说明的情况。各部分具体编写要求如下：

（1）项目说明。首先应概要介绍工程建设项目的建设任务、工程规模标准和预期效益；其次说明项目的批准或核准情况；再次介绍该工程的项目业主，项目投资人出资比例，以及资金来源；最后概要介绍项目的建设地点、计划工期、招标范围和标段划分情况。

（2）建设条件。主要是描述建设项目所处位置的水文气象条件、工程地质条件、地理位置及交通条件等。

（3）建设要求。概要介绍工程施工技术规范、标准要求，工程建设质量、进度、安全和环境管理等要求。

（4）其他需要说明的情况。其他需要说明的情况需结合项目的工程特点和项目业主的具体管理要求提出。

二、资格审查

资格审查是指招标人对潜在投标人的经营范围、专业资质、财务状况、技术能力、管理能力、业绩、信誉等多方面评估审查，以判定其是否具有投标、订立和履行合同的资格及能力。资格审查既是招标人的权利，也是大多数招标项目的必要程序，它对于保障招标人和投标人的利益具有重要作用。资格审查分为资格预审和资格后审两种。

（一）资格预审

资格预审是招标人通过发布招标资格预审公告，向不特定的潜在投标人发出投标邀请，并组织招标资格审查委员会按照招标资格预审公告和资格预审文件确定的资格预审条件、标准和方法，对投标申请人的经营资格、专业资质、财务状况、类似项目业绩、履约信誉、企业认证体系等条件进行评审，确定合格的潜在投标人。

资格预审可以减少评标阶段的工作量、缩短评标时间、减少评审费用、避免不合格投标人浪费不必要的投标费用，但因设置了招标资格预审环节，而延长了招标投标的过程，增加了招标投标双方资格预审的费用。资格预审方法比较适合于技术难度较大或投标文件编制费用较高，且潜在投标人数量较多的招标项目。

（二）资格后审

资格后审是指在开标后对投标人进行的资格审查。按照采取资格后审的，招标人应当在招标文件中载明对投标人资格要求的条件、标准和方法，资格后审一般在评标过程中的初步评审开始时进行，资格后审是作为招标、评标的一个重要内容，在组织评标时由评标委员会负责一并进行的，审查的内容与资格预审的内容是一致的。评标委员会按照招标文件规定的评审标准和方法进行评审的。对资格后审不合格的投标人，评标委员会应当对其投标作废标处理，不再进行详细评审。

资格预审及资格后审两种资格审查方法的对比如表 1-2 所示。

表 1-2　两种资格审查方法对比一览表

资格审查	资格预审	资格后审
定义	在招标文件发售前，招标人通过发售资格预审文件，组织资格审查委员会对潜在投标人提交的资格申请文件进行审查，进而决定投标人名单的一种方法	开标后，评标委员会在初步审查程序中，对投标文件中投标人提交的资格申请文件进行的审查。
适用条件	潜在投标人过多，技术难度较大或投标文件编制费用较高，易造成招标人的成本支出和投标人的投标花费总量大，与项目的价值相比不值得时	潜在投标人不多
审查办法	（1）合格制，即符合资格审查标准的申请人均通过资格审查； （2）有限数量制，即审查委员会对通过资格审查标准的申请文件按照公布的量化标准进行打分，然后按照资格预审文件确定的数量和资格申请文件得分，由高到低的顺序确定通过资格审查的申请人名单。一般情况下应采用合格制，潜在投标人过多的，可采用有限数量制	一般采用合格制方法确定通过资格审查的投标人名单。
利	减少评标阶段的工作量、缩短评标时间、减少评审费用、避免不合格投标人浪费不必要的投标费用	可以避免招标与投标双方资格预审的工作环节和费用，缩短招标投标过程，有利于增强投标的竞争性
弊	因设置了招标资格预审环节，而延长了招标投标的过程，增加了招标投标双方资格预审的费用。	在投标人过多时会增加社会成本和评标工作量

第四节　招标文件的编制

标文件技术标是用以评价投标人的技术实力和经验的文件，其作用是对图纸的补充及详细说明，是招标方与参加投标的各方当事人之间规定的有关技术要求事项的文书。

一、投标人须知前附表

前附表是投标须知前附表（见表 1-3）的简称，它以表格的形式将投标须知概括性地表示出来，放在招标文件的最前面，使投标人一目了然，有利于引起注意和便于查阅；当正文的内容与前附表规定的内容不一致时，以前附件表的规定为准。

表 1-3　×××工程投标须知前附表

项号	条款号	内容	说明与要求
1	1.1	工程名称	×××工程
2	1.1	建设地点	×××
3	1.1	建设规模	详见施工图
4	1.1	承包方式	本工程实行包工、包料、包质量、包安全文明施工的总承包
5	1.1	质量要求	符合《工程施工质量验收规范》标准
6	1.3	工期要求	计划施工总工期×××日，历时×××天
7	2.1	投标人及其项目经理资质等级	企业必须具有建设行政主管部门核发的：房屋建筑总承包三级以上资质等级； 项　目经理具有建设行政主管部门核发的：工民建三级以上资质等级； 建造师具有建设行政主管部门核发的建筑工程二级及以上资质等级
8	2.2	资格审查方式	资格后审
9	8.4	投标预备会（答疑会）	投标人在现场勘查以及理解招标文件、施工图纸中的疑问应整理成书面形式（不署名）于××××年××月××日××时前传真至招标代理机构，经××区小型建设工程管理中心备案后，在××××年××月××日前将招标答疑上传至建设工程交易网 电话：××××-××××××× 传真：××××-×××××××
10	10.2	投标保证金的交纳方式	本工程不交纳投标保证金
11	11.1	投标文件份数	一份正本，三份副本，电子文本一份
12	16.1	投标文件的递交及开标的地点、时间	招标人：×××公司 地址：×××　××× 时间：××××年××月××日××时××分
13	17.2	评审方法	二次平均法等
14	17.4	最高限价	本工程做高限价：×××万元（超过作废标处理）

投标须知一般包括：招投标项目概况（包括项目名称、建设地点、建设规模、结构类型、资金来源等）、招标范围、承包方式、合同名称、投标有效期、质量标准、工期要求、投标人资质等级、必要时概括列出投标报价的特殊性规定、投标保证金数额、投标预备会时间和地点、投标文件份数、投标文件递交地点、投标截止时间、开标时间等。

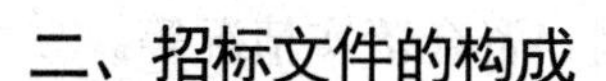

二、招标文件的构成

招标文件是招标人向潜在投标人发出的要约邀请文件，是告知投标人招标项目的内容、范围、数量与招标要求、投标资格要求、招标投标程序规则、投标文件编制与递交要求、评标标准与方法、合同条款与技术标准等招标投标活动主体必须掌握的信息和遵守的依据，对招标投标各方均具有法律约束力。招标文件的有些内容只是为了说明招标投标的程序要求，将来并不构成合同文件，例如投标人须知；有些内容，则构成合同文件，例如合同条款、设计图纸、技术标准与要求等。编制招标文件是招标人最重要和最关键的工作之一。

一般情况下，各类工程施工招标文件的内容大致相同，但组卷方式可能有所区别，此处以《标准施工招标文件》（以下简称《标准文件》）为范本介绍工程施工招标文件的内容和编写要求。

《标准文件》共包含封面格式和四卷八章的内容，第一卷包括第一章至第五章，涉及招标公告（投标邀请书）、投标人须知、评标办法、合同条款及格式、工程量清单等内容。其中，第一章和第三章并列给出了不同情况，由招标人根据招标项目特点和需要分别选择；第二卷由第六章图纸组成；第三卷由第七章技术标准和要求组成。第四卷由第八章投标文件格式组成。

（1）封面格式。《标准文件》封面格式包括：项目名称、标段名称（如有）、标识出“招标文件”这四个字、招标人名称和单位印章、时间。

（2）招标公告与投标邀请书。对于未进行资格预审项目的公开招标项目，招标文件应包括招标公告；对于邀请招标项目，招标文件应包括投标邀请书；对于已经进行资格预审的项目，招标文件也应包括投标邀请书（代资格预审通过通知书）。

（3）投标人须知。投标人须知是招标投标活动应遵循的程序规则和对投标的要求。但投标人须知不是合同文件的组成部分。

（一）招标文件的主要内容

1．投标人须知前附表

投标人须知前附表主要作用有两个方面：一是将投标人须知中的关键内容和数据摘要列表，起到强调和提醒作用，为投标人迅速掌握投标人须知内容提供方便，但必须与招标文件相关章节内容衔接一致；二是对投标人须知正文中交由前附表明确内容给予具体约定。

2．总则

投标须知正文中的“总则”由下列内容组成：

（1）项目概况。应说明项目已具备招标条件、项目招标人、招标代理机构、项目名称、建设地点等。

（2）资金来源和落实情况。应说明项目的资金来源、出资比例、资金落实情况等。

（3）招标范围、计划工期和质量要求。应说明招标范围、计划工期、质量要求等。对于招标范围，应采用工程专业术语填写；对于计划工期，由招标人根据项目建设计划来判断填写；对于质量要求，根据国家、行业颁布的建设工程施工质量验收标准填写。

（4）投标人资格要求。对于已进行资格预审的，投标人应是符合资格预审条件，收到招标人发出投标邀请书的单位；对于未进行资格预审的，应按照一定标准详细规定投标人资格要求。

（5）保密。要求参加招标投标活动的各方应对招标文件和投标文件中的商业和技术等秘密保密。

（6）语言文字。可要求除专用术语外，均使用中文。

（7）计量单位。所有计量均采用中华人民共和国法定计量单位。

（8）踏勘现场。招标人根据项目的具体情况，可以组织潜在投标人踏勘项目现场，向其介绍工程场地和相关环境的有关情况。

（9）投标预备会。是否召开投标预备会，以及何时召开由招标人根据项目具体需要和招标进程安排确定。

（10）分包。由招标人根据项目具体特点来判断是否允许分包。如果允许分包，可进一步明确分包内容的名称或要求，以及分包项目金额和资质条件等方面的限制。

（11）偏离。偏离即《评标委员会和评标方法暂行规定》中的偏差。招标人根据项目具体特点来设定非实质性要求和条件允许偏离的范围和幅度。

3．招标文件

招标文件是对招标投标活动具有法律约束力的最主要文件。投标人须知应该阐明招标文件的组成、招标文件的澄清和修改。投标人须知中没有载明具体内容的，不构成招标文件的组成部分，对招标人和投标人没有约束力。

4．投标文件

投标文件是投标人响应和依据招标文件向招标人发出的要约文件。招标人在投标须知中对投标文件的组成、投标报价、投标有效期、投标保证金、资格审查资料、备选方案和投标文件的编制和递交提出明确要求。

5．投标

投标包括投标文件的密封和标识、投标文件的递交时间和地点、投标文件的修改和撤回等规定。

6．开标

开标的主要内容包括开标时间、地点和开标程序等规定。

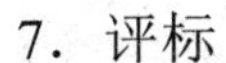

7．评标

评标的主要内容包括评标委员会、评标原则和评标方法等规定。

8．合同授予

合同授予包括定标方式、中标通知、履约担保和签订合同。

（1）定标方式。定标方式通常有两种：招标人授权评标委员会直接确定中标人；评标委员会推荐 1～3 名中标候选人，由招标人依法确定中标人。

（2）中标通知。中标人确定后，招标人应当向中标人发出中标通知书，并同时将中标结果通知所有未中标的投标人。

（3）履约担保。签订合同前，中标人应按照招标文件规定的担保形式、金额和履约担保格式向招标人提交履约担保。履约担保的主要目的有两个：担保中标人按照合同约定正常履约，在中标人未能圆满实施合同时，招标人有权得到资金赔偿；约束招标人按照合同约定正常履约。招标人应在招标文件中对履约担保作出如下规定：

① 履约担保的金额。一般约定为签约合同价的 5%～10%。

② 履约担保的形式。一般有银行保函、非银行保函、保兑支票、银行汇票、现金和现金支票等。

③履约担保格式。通常招标人会规定履约担保格式，为了方便投标人，招标人也可在招标文件履约担保格式中说明投标人可以提供招标人可接受的其他履约担保格式。

（4）签订合同。

9．纪律和监督

纪律和监督可分别包括对招标人、投标人、评标委员会、与评标活动有关的工作人员的纪律要求以及投诉监督。

10．附表格式

附表格式包括了招标活动中需要使用的表格文件格式，通常有：开标记录表、问题澄清通知、问题的澄清、中标通知书、中标结果通知书和确认通知等。

（二）评标办法

评标方法是评审和比选投标文件、判断哪些投标更符合招标文件要求的方法。如何科学地选择评标方法，直接影响到投标人提交何种投标价格、技术和其他商务条件。

（三）合同条款及格式

施工合同的内容包括工程范围、建设工期、中间交工工程的开工和竣工时间、工程质量、工程造价、技术资料交付时间、材料和设备供应责任、拨款和结算、竣工验收、质量保修范围和质量保证双方相互协作等条款。

为了提高效率，招标人可以采用《标准文件》，或者结合行业合同示范文本的合同条款编制招标项目的合同条款。

（四）工程量清单

工程量清单是表现拟建工程实体性项目和非实体性项目名称和相应数量的明细清单，以满足工程建设项目具体量化和计量支付的需要。工程量清单是投标人投标报价和签订合同协议书，是确定合同价格的唯一载体。

实践中常见的有单价合同和总价合同两种主要合同形式，均可以采用工程量清单计价，区别仅在于工程量清单中所填写的工程量的合同约束力。采用单价合同形式的工程量清单是合同文件必不可少的组成内容，其中的清单工程量一般具备合同约束力，招标时的工程量是暂估的，工程款结算时按照实际计量的工程量进行调整。总价合同形式中，已标价工程量清单中的工程量不具备合同约束力，实际施工和计算工程变更的工程量均以合同文件的设计图纸所标示的内容为准。工程量清单包括四部分内容：工程量清单说明、投标报价说明、其他说明和工程量清单。

（五）工程标底的参考作用和编制依据

1．工程标底的参考作用

投标竞争的实质是价格竞争。标底是招标人通过客观、科学计算，期望控制的招标工程施工造价。工程施工招标标底主要用于评标时分析投标价格合理性、平衡性、偏理性，分析各投标报价差异情况，作为防止投标人恶意投标的参考性依据。但是，标底不能作为评定投标报价有效性和合理性的唯一和直接依据。招标文件中不得规定投标报价最接近标底的投标人为中标人，也不得规定超出标底价格上下允许浮动范围的投标报价直接作废标处理。招标人自主决定是否编制标底价格，标底应当严格保密。货物或服务招标设标底的情况较少。

2．编制标底的原则

编制标底的主要遵循以下两点原则：

（1）遵守招标文件的规定，充分研究招标文件相关技术和商务条款、设计图纸以及有关计价规范的要求。标底应该客观反映工程建设项目实际情况和施工技术管理要求。

（2）标底应结合市场状况，客观反映工程建设项目的合理成本和利润。

3．工程标底编制依据

工程标底价格一般依据工程招标文件的发包内容范围和工程量清单，参照现行有关工程消耗定额和人工、材料、机械等要素的市场平均价格，结合常规施工组织设计方案编制。各类工程建设项目标底编制的主要强制性、指导性或参考性依据有：

（1）各行业建设工程工程量清单计价规范。

（2）国家或省级行业建设主管部门颁发的计价定额和计价办法。

（3）建设工程设计文件及相关资料。

（4）招标文件的工程量清单及有关要求。

（5）工程建设项目相关标准、规范、技术资料。

（6）工程造价管理机构或物价部门发布的工程造价信息或市场价格信息。

（7）其他相关资料。

标底主要是评标分析的参考依据，编制标底的依据和方法没有统一的规定，一般根据招标项目的技术管理特点、工程发包模式、合同计价方式等选择标底编制的方法和依据，凡不具备编制工程量清单的招标项目，也可以使用工序分析法、经验估算法、工程设计概算分解法等方法编制参考标底，但使用这些方法编制的标底，其准确性相对较差，故不宜作为招标控制价使用。

4．编制工程标底的注意事项

编制工程标底时应注意以下几点：

（1）注重工程现场调查研究。应主动收集、掌握大量的第一手相关资料，分析确定恰当的、切合实际的各种基础价格和工程单价，以确保编制合理的标底。

（2）注重施工组织设计。应通过详细的技术经济分析比较后再确定相关施工方案、施工总平面布置、进度控制网络图、交通运输方案、施工机械设备选型等，以保证所选择的施工组织设计安全可靠、科学合理，这是编制出科学合理的标底的前提，否则将直接导致工程消耗定额选择和单价组成的偏差。

（3）标底应当保密，而招标控制价（投标最高限价）应当在招标文件中公布，这是两者的主要区别。

（六）设计图纸

设计图纸是合同文件的重要组成部分，是编制工程量清单以及投标报价的重要依据，也是进行施工及验收的依据。通常招标时的图纸并不是工程所需的全部图纸，在投标人中标后还会陆续颁发新的图纸以及对招标时图纸的修改。因此，在招标文件中，除了附上招标图纸外，还应该列明图纸目录。图纸目录一般包括：序号、图名、图号、版本、出图日期等。图纸目录以及相对应的图纸将对施工过程的合同管理以及争议解决发挥重要作用。

（七）技术标准和要求

技术标准和要求也是构成合同文件的组成部分。技术标准的内容主要包括各项工艺指标、施工要求、材料检验标准，以及各分部、分项工程施工成型后的检验手段和验收标准等。有些项目根据所属行业的习惯，也将工程子目的计量支付内容写进技术标准和要求中。

（八）投标文件格式

投标文件格式的主要作用是为投标人编制投标文件提供固定的格式和编排顺序，以规范投标文件的编制，同时便于评标委员会评标。

（九）工程招标文件的编写要求

投标人须知是招标投标活动应遵循的程序规则和对编制递交投标文件等投标活动的要求，通常不是合同文件的组成部分。因此，投标人须知中对合同执行有实质性影响的内容，应在构成合同文件组成部分的合同条款、技术标准与要求、工程师清单等文件中载明，但各部分文件中载明的内容应当一致。工程招标文件的编写要求一览表如表 1-4 所示。

表 1-4　工程招标文件的编写要求一览表

<table>
<tr><td>前附表</td><td>主要作用</td><td>一是将投标人须知中的关键内容和数据摘要列表，起到强调和提醒作用，为投标人迅速掌握投标人须知内容提供方便，但必须与招标文件相关章节内容衔接一致；
二是对投标人须知正文中交由前附表明确的内容给予具体约定。当正文的内容与前附表规定的内容不一致时，以前附件表的规定为准</td></tr>
<tr><td>总则</td><td>组成</td><td>①项目概况。②资金来源和落实情况。③招标范围、计划工期和质量要求。④投标人资格要求。⑤保密。⑥语言文字。⑦计量单位。⑧踏勘现场。⑨投标预备会。⑩分包。⑧偏离</td></tr>
<tr><td rowspan="3">招标文件</td><td colspan="2">招标文件是对招标投标活动具有法律约束力的最主要文件
投标人须知应该阐明招标文件的组成、招标文件的澄清和修改。投标人须知中没有载明具体内容的，不构成招标文件的组成部分，对招标人和投标人没有约束力</td></tr>
<tr><td>① 招标文件的组成内容</td><td>A. 招标公告(或投标邀请书)；B. 投标人须知；C.评标办法；D. 合同条件及格式；E. 工程量清单；F. 图纸；G. 技术标准和要求；H. 投标文件格式；I. 投标人须知前附表规定的其他材料。招标人可根据项目具体特点来确定投标人须知前附表中需要补充的其他材料，例如地质勘察报告</td></tr>
<tr><td>② 招标文件的澄清与修改</td><td>当投标人对招标文件有疑问时，可以要求招标人对招标文件予以澄清；招标人可以主动对已发出的招标文件进行必要的澄清或修改。对招标文件的澄清、修改构成招标文件的组成部分
招标文件的澄清或修改的内容可能影响投标文件编制的，招标人应当在招标文件要求提交投标文件的截止时间至少 15 日前，以书面形式通知所有招标文件的潜在</td></tr>
</table>

		投标人，不足 15 日的，招标人应当按影响的时间顺延提交投标文件的截止时间。澄清或修改的内容不影响投标文件编制的，不受此时间的限制 《招标投标法实施条例》第 22 条的规定，潜在投标人或者其他利害关系人对招标文件有异议的，应当在投标截止时间 10 日前提出。招标人应当自收到异议之日起 3 日内分两种情况作出答复：一是对异议的答复没有构成对已发出的招标文件澄清或修改，与其他投标人投标无关的，招标人只需对提出异议的人进行答复；二是对异议的答复构成对已发出的招标文件澄清或修改的，招标人对提出异议的人进行答复的同时，还应将澄清或修改的内容以书面形式通知所有收受招标文件的潜在投标人，澄清或修改可能影响投标文件编制的，应接对投标文件编制影响的时间相应顺延投标截止时间。未作澄清答复者，应当暂定招标投标的下一步程序
投标文件	投标文件是投标人响应和依据招标文件向招标人发出的要约文件	
	① 投标文件的组成内容	A．投标函及投标函附录；B．法定代表人身份证明；C．法定代表人的授权委托书；D．联合体协议书（如果有）；E．投标保证金；F．报价工程量清单；G．施工组织设计；H．项目管理机构；I．拟分包项目情况表；J．资格审查资料；K．其他资料 其中 G．施工组织设计一般归类为技术文件，其余归类为商务文件
	② 投标有效期	投标有效期是投标文件保持有效的期限，是招标人完成招标工作并对投标人发出要约作出承诺的期限，也是投标人对自己发出的投标文件承担法律责任的期限。投标有效期从提交投标文件的截止之日起算，并应满足完成开标、评标、定标以及签订合同等工作所需要的时间。 招标人应根据招标项目的性质、规模和复杂性，以及由此决定评标、定标所需时间等确定投标有效期的长短。投标有效期时间过短，可能会因投标有效期内不能完成招标、定标，而给招标人带来风险。投标有效期过长，投标人所面临的经营风险过大，为了转移风险，投标人可能会提高投标价格，导致工程造价提高。 投标有效期一方面约束投标人在投标有效期内不能随意更改和撤销投标的作用；
投标文件	② 投标有效期	另一方面也促使招标人按时完成评标、定标和签约工作，以避免因投标有效期内没有完成签约而投标人又拒绝延长投标有效期而造成招标失败的风险。关于投标有效期通常需要在招标文件中作出如下规定： A．投标人在投标有效期内，不得要求撤销或修改其投标文件 B．投标有效期延长。必要时，招标人可以书面通知投标人延长投标有效期。此时，投标人可以有两种选择：同意延长，并相应延长投标保证金有效期，但不得要求或被允许修改或撤销其投标文件；拒绝延长，投标文件在原投标有效期届满后失效，但有权收回其投标保证金
	③ 投标保证金	投标保证金是在招标投标活动中，投标人按照招标文件规定的形式和金额向招标人递交的，约束投标人履行其投标义务，保证招标人权利实现的担保 主要目的是对投标人的投标行为产生约束作用，保证招标投标行为的规范。投标保证金能够对投标人的投标行为产生约束作用，这是投标保证金最基本的功能 招标文件中一般应对投标保证金作出下列规定：

		A．投标保证金的形式、数额、有效期。投标人应在投标文件中附上凭证复印件，作为评标时对投标保证金评审的依据；投标人应确保招标人在招标文件规定的截止时间之前能够将投标保证金划拨到招标人指定账户，否则，视为投标保证金无效 投标保证金金额通常有相对比例金额和固定金额两种方式，并尽可能采用固定金额的方式。为防止招标人设置过商的投标保证金，《招标投标法实施条例》第26条规定，招标人在招标文件中要求投标人提交投标保证金的，投标保证金金额不得超过招标项目估算价的2%。依法必须进行招标的项目的境内投标单位以银行电汇、汇票等现金或者转账支票提交的投标保证金应当从其基本账户转出 B．联合体投标人递交投标保证金。如果接受联合体投标的，应当以联合体各方或者联合体中牵头人的名义提交投标保证金，对联合体各成员具有约束力 C．不按要求提交投标保证金的后果。招标文件规定提交投标保证金的，不按规定要求提交投标保证金的，其投标文件无效 D．投标保证金的退还条件和退还时间。投标保证金的退还需要考虑合同协议书是否签订和履约保证金是否提交。招标人最迟应当在书面合同签订后5日内向中标人和未中标的投标人退还投标保证金及银行同期存款利息。因此，招标人在编制招标文件时，应注意明确投标保证金的退还时间，并在投标人须知前附表明确规定银行同期存款利息的利率和时间的计算，以及如何退还投标保证金 E．投标保证金不予退还的情形。投标截止后投标人撤销投标文件的，招标人可以在招标文件中约定不退还投标保证金。中标人无正当理由不与招标人订立合同，在签订合同时向招标人提出附加条件，或者不按照招标文件要求提交履约保证金的，取消其中标资格，投标保证金不予退还
投标文件	④资格审查资料	资格审查资料可根据是否已经组织资格预审提出相应的要求。招标项目已经组织资格预审的资格审查资料分为两种情况： A．当评标办法不涉及投标人资格条件评价时，投标人资格预审阶段的资格审查资料没有变化的，可不再重复提交；当投标人在资格预审阶段的资格资料有变化
投标文件	④资格审查资料	的，按新情况更新或补充； B．当评标办法对投标人资格条件进行综合评价的，按招标文件要求提交资格审查资料 招标项目未组织资格预审或约定要求递交资格审查资料的，一般包括如下内容：a．投标人基本情况；b．近年财务状况；c．近年完成的类似项目情况；d．正在施工和新承接的项目情况；e．信誉资料，如近年发生的诉讼及仲裁情况；f．允许联合体投标的联合体资料
	⑤备选方案	招标文件应明确是否允许提交备选方案。如果招标文件允许提交备选标或者备选方案，投标人除编制提交满足招标文件要求的投标方案外，另行编制提交的备选投标方案或者备选标。通过备选方案，可以充分调动投标人的竞争潜力，使项目的实施方案更具科学、合理和可操作性，并克服招标人在编制招标文件乃至在项目策划或者设计阶段的经验不足和考虑欠周。被选用的备选方案一般能够既使招标人得

		益，也能够使投标人得益。但只有排名第一的中标候选人的各选投标方案才能予以评审，并考虑是否接受
	⑥投标文件的编制	A．语言要求。B．格式要求。C．实质性响应。D．打印要求。E．错误修改要求。F．签署要求。G．份数要求。H．装订要求
	投标 开标 评标	
合同授予	①定标方式	定标方式通常有两种：招标人授权评标委员会直接确定中标人；评标委员会推荐1～3名中标候选人，由招标人依法确定中标人
	②中标通知	中标人确定后，招标人应当向中标人发出中标通知书，并同时将中标结果通知所有未中标的投标人
	③履约担保	签订合同前，中标人应按照招标文件规定的担保形式、金额和履约担保格式向招标人提交履约保证金。履约保证金主要担保中标人按照合同约定正常履约，在中标人未能圆满实施合同时，招标人有权得到资金赔偿。招标人应在招标文件中对履约担保作出如下规定：A．履约担保的金额。一般约定为签约合同价的5%～10%，并且不得超过中标合同金额的10%；B．履约担保的形式。C．履约担保格式。D．未提交履约担保的后果。如果中标人不能按要求提交履约担保，视为放弃中标，投标保证金不予退还，给招标人造成的损失超过投标保证金数额的，中标人还应当对超过部分予以赔偿
	④签订合同	A．订时限。招标人和中标人应当自中标通知书发出之日起30日内，按照中标通知书、招标文件和中标人的投标文件订立书面合同 B．未签订合同的后果。中标人无正当理由拒签合同的，招标人取消其中标资格，其投标保证金不予退还；给招标人造成的损失超过投标保证金数额的，中标人还应当对超过部分予以赔偿。发出中标通知书后，招标人无正当理由拒签合同的，招标人向中标人退还投标保证金；给中标人造成损失的，还应当赔偿损失
重新招标和不再招标	①重新招标	有下列情形之一的，招标人应当查明原因，采取相应纠正措施后，依法重新招标： A．投标人少于3个或评标委员会否决所有投标 B．评标委员会否决所有投标包含了两层意思：所有投标均被否决；有效投标不足3个，且评标委员会经过评审后认为投标明显缺乏竞争，从而否决全部投标
	②不再招标	依法重新招标后投标人仍少于3个或者所有投标被否决的，属于必须审批或核准的工程建设项目，经原审批或核准部门批准后不再进行招标
纪律和监督	纪律和监督可分别包括对招标人、投标人、评标委员会、与评标活动有关的工作人员的纪律要求以及投诉监督	

附表格式	附表格式包括了招标活动中需要使用的表格文件格式，通常有：开标记录表、问题澄清通知、问题的澄清、中标通知书、中标结果通知书、确认通知等

（十）编写工程招标文件的注意事项

1．招标文件应当体现工程建设项目的特点和要求

招标文件牵涉到的专业内容比较广泛，具有明显的多样性和差异性，编写一套适用于具体工程建设项目的招标文件，需要具有较强的专业知识和一定的实践经验，还要准确把握项目专业特点。

编制招标文件时必须认真阅读研究有关设计与技术文件，与招标人充分沟通，了解招标项目的特点和需求，包括项目概况、性质、审批或核准情况、标段划分计划、资格审查方式、评标方法、承包模式、合同计价类型、进度时间节点要求等，并充分反映在招标文件中。

招标文件应该内容完整，格式规范，按规定使用标准招标文件，结合招标项目特点和需求，参考以往同类项目的招标文件进行调整、完善。

2．招标文件必须明确投标人实质性响应的内容

投标人必须完全按照招标文件的要求编写投标文件，如果投标人没有对招标文件的实质性要求和条件作出响应，或者响应不完全，都可能导致投标人投标失败。所以，招标文件中需要投标人作出实质性响应的所有内容，如招标范围、工期、投标有效期、质量要求、技术标准和要求等应具体、清晰、无争议，且宜以醒目的方式提示，避免使用原则性的、模糊的或者容易引起歧义的词句。

3．防范招标文件中的违法、歧视性条款

编制招标文件必须熟悉和遵守招标投标的法律法规，并及时掌握最新规定和有关技术标准，坚持公平、公正、遵纪守法的要求。严格防范招标文件中出现违法、歧视、倾向条款限制、排斥或保护潜在投标人，并要公平合理划分招标人和投标人的风险责任。只有招标文件客观与公正才能保证整个招投标活动的客观与公正。

4．保证招标文件格式、合同条款的规范一致

编制招标文件应保证格式文件、合同条款规范一致，从而保证招标文件逻辑清晰、表达准确，避免产生歧义和争议。招标文件合同条款部分如采用通用合同条款和专用合同条款形式编写的，正确的合同条款编写方式为：“通用合同条款”应全文引用，不得删改；“专用合同条款”则应按其条款编号和内容，根据工程实际情况进行修改和补充。

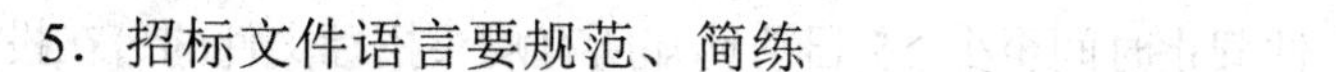

5．招标文件语言要规范、简练

编制、审核招标文件应一丝不苟、认真细致。招标文件语言文字要规范、严谨、准确、精练、通顺，要认真推敲，避免使用含义模糊或容易产生歧义的词语。

招标文件的商务部分与技术部分一般由不同人员编写，应注意两者之间及各专业之间的相互结合与一致性，应交叉校核，检查各部分是否有不协调、重复和矛盾的内容，确保招标文件的质量。

三、招标文件的审核或备案

依法必须进行施工招标项目的招标文件。按照《房屋建筑和市政基础设施工程施工招标投标管理办法》第 19 条规定，“依法必须进行施工招标的工程，招标人应当在招标文件发出的同时，将招标文件报工程所在地的县级以上地方人民政府建设行政主管部门备案。建设行政主管部门发现招标文件有违反法律法规内容的，应当责令招标人改正。”

四、招标文件的保密要求

招标人和招标代理机构在组织开展招标投标活动时，应当遵守国家保密规定。按《招标投标法》及《工程建设项目施工招标投标办法》等有关规定，在招标阶段的保密规定主要有以下几点：

（1）招标人不得单独或者分别组织任何一个投标人进行现场踏勘。

（2）招标人不得向他人透露已获取招标文件的潜在投标人的名称、数量以及可能影响公平竞争的有关招标投标的其他情况。

（3）对招标人设有标底的招标，标底必须保密。

（4）招标代理机构不得违法泄露应当保密的与招标投标活动有关的情况资料。

（5）应当保护招标当事人的知识产权和商业秘密。

五、补遗文件的编制

招标人对已发出的招标文件进行必要的澄清或者修改，该澄清或者修改的内容为招标文件组成部分。这里的“澄清”是指招标人对招标文件中的遗漏、词义表达不清或对比较复杂事项进行的补充说明和回答投标人提出的问题。这里的“修改”是指招标人对招标文件中出现的遗漏、差错、表述不清等问题认为必须进行的修订。对招标文件中澄清与修改，应当注意以下三点：

（1）招标人有权对招标文件进行澄清与修改。招标文件发出以后，无论出于何种原因，招标人可以对发现的错误或遗漏，在规定时间内主动地或在解答潜在投标人提出的问题时进行澄清或者修改，改正差错，避免损失。

（2）澄清与修改的时限。招标人对已发出的招标文件的澄清与修改，按《招标投标法》

第二十三条规定，应当在提交投标文件截止时间至少 15 日前通知所有购买招标文件的潜在投标人。

（3）澄清或者修改的内容应为招标文件的组成部分。按照《招标投标法》第二十三条关于招标人对招标文件澄清和修改应“以书面形式通知所有招标文件收受人。该澄清或者修改的内容为招标文件的组成部分”的规定，招标人可以直接采取书面形式，也可以采用召开投标预备会的方式进行解答和说明，但最终必须将澄清与修改的内容以书面方式通知所有招标文件收受人，而且作为招标文件的组成部分。

【实训 1】了解建设工程交易中心

参观当地建设工程交易中心，让学生对建设工程交易场所及使用功能建立感性认识，为招标投标的综合能力训练和从事招标投标相关工作奠定基础。

一、实训目的

学生通过参观，熟悉建设工程交易中心功能划分、机构设置、建设项目招投标中心的一般运作程序，了解我国建筑交易市场运行模式，体验建设工程交易活动的过程，提高学生对建筑交易市场交易的认知能力。

二、实训方式

参观、调研当地建设工程交易中心。参观的具体步骤：

（1）学生集体活动，由指导教师带队，参观、讲解方法。请建设工程交易中心工作人员介绍基本情况，使学生对中心有基本了解。

（2）学生分组活动：4～5 人为一组，由各组组长负责。

（3）参观调查方法：学会以调查、问询、请教、收集为主，了解中心具体功能划分、机构设置，收集相关资料，掌握建设项目招投标中心一般运作程序。

三、实训内容和要求

（1）认真完成参观日记。

（2）完成参观调研报告。

（3）实践总结。

【实训 2】招标文件的识读

一、实训目的

通过招标文件的识读，使学生熟悉工程招标文件的内容及要求，具备识读招标文件的能力；通过网站查询招标公告的能力。为编制招标文件奠定基础，为学生今后在招投标公司、建设单位从事招标相关工作奠定基础。

二、实训方式

学生在教师指导下分组进行，具体步骤如下：

（1）学生分组：4～5 人为一组，由各组组长负责。

（2）教师提前准备招标文件、分组分发，学生采取学习、提问、讨论的方式，读懂招标文件。

（3）成立学习小组，通过省（市）招标信息平台，查看招标公告、资格预审公告、中标结果公示等信息，使学生具备通过网站查询有关招标信息能力。

三、实训内容和要求

（1）各组做好学习日记。

（2）完成实践（实训）总结。

【实训 3】建设工程施工招标文件的编制

一、实训目的

通过招标文件的识读的训练，学生已熟悉工程招标文件的内容及要求，具备识读招标文件的能力；通过网站查询招标公告的能力。学生参照《行业标准施工招标文件》，在教师的指导下独立地完成实际工程施工招标文件的编制。使学生能够独立编制工程施工招标文件，为学生今后在招投标公司、建设单位从事招标相关工作奠定基础。

二、实训方式

学生在教师指导下独立完成，具体步骤如下：

（1）教师提供建筑施工工程背景材料。

（2）学生根据背景材料，参照《行业标准施工招标文件》格式，先制定编写计划，由教师审核。

（3）按照计划进度，学生独立编写工程施工招标文件。

三、实训内容和要求

（1）制定编写计划。

（2）认真完成学习日记。

（3）完成实训总结。

【实训4】走访工程招投标公司

一、实训目的

学生以社会实践形式，通过到工程招投标公司实践学习，了解工程招标代理方法、程序、要求及法律责任。从而了解工程招标投标程序，提高学生社会实践能力，与人交往能力，参与招标投标活动的基本能力。

二、实训方式

学生以社会实践方式到工程招投标公司进行实训。其具体步骤如下：

（1）学生分组：学生4～5人为一组，由各组组长带领到工程招投标公司进行实践学习，组长负责，教师指导。

（2）调研、实践方法：学生以调查、请教、收集为主，了解工程招标代理方法、要求及法律责任；理解建设工程招标程序和投标程序；熟悉建设工程招标投标原则及相关法律法规。为从事建设工程招标投标相关工作奠定理论基础。

三、实训内容和要求

（1）认真完成参观日记。

（2）完成实践调研报告。

（3）完成实践总结。

【引例分析】

【答 1】不妥当。合理的顺序应该是：成立招标组织机构→编制招标文件→编制标底→发售招标公告和资格预审通告→进行资格预审→发售招标文件→组织现场踏勘→召开标前会→接收投标文件→开标→评标→确定中标单位→去发出中标通知书→签订承发包合同。

【答 2】编制投标文件的步骤：①组织投标班子，确定投标文件编制的人员；②仔细阅读投标须知、投标书附件等各个招标文件；③结合现场踏勘和投标预备会的结果，进一步分析招标文件；④校核招标文件中的工程量清单；⑤根据工程类型编制施工规划或施工组织设计；⑥根据工程价格构成进行工程预算造价，确定利润方针，计算和确定报价；⑦形成投标文件，进行投标担保。

【招标文件模版】

一、招标公告

招标有限公司受__________房地产开发有限公司的委托，为_________土建工程施工进行公开招标，按照规定程序办理了招标备案，通过公开招标择优选取具有资质的法人单位，现将有关事宜公告如下：

1．工程项目概况

（1）项目名称：_________土建工程施工

（2）招标单位：__________房地产开发有限公司

（3）建设地点：____________

（4）工程规模：________________

（5）资金来源：_____________

（6）计划工期：_____年__月__日至____年__月__日.

（7）招标范围：一标段________工程施工，总建筑面积______m^2； 二标段______工程施工，总建筑面积_______m^2。

（8）质量标准：符合国家标准验收合格。

（9）投标保证金：一标段：人民币____万元，二标段：人民币____万元

2．投标人资格条件

具有房屋建筑工程施工总承包二级以上（含二级）资质的独立法人单位。

3．报名及出售招标文件时间地点和要求

（1）报名及截止时间：_____年___月___日至____年___月___日每天 8：30～16：30（节假日除外）。

（2）报名要求：请携带营业执照副本原件及复印件、资质证书副本原件及复印件、安全生产许可证原件及复印件、法人代表授权委托书到____招标有限公司进行报名。

（3）出售招标文件起止时间及地点：_____年___月___日至____年___月___日每天 8：30～16：30（节假日除外）。

（4）招标文件售价：人民币壹仟元整（￥1000 元），售后不退不换。

4．开标时间及地点：

开标时间：_____年___月___日至____年___月___日 9：30。

开标地点：____________________

5．联系方式

招标人：__________房地产开发有限公司

地址：____________________________

联系人：____________

联系电话：____________　　　　邮编：________

招标代理机构：__________　　　　招标有限公司

地址：____________　　　　邮编：______

开户行：__________________

账　号：____________

联系人：________

电　话：________　　　　传真：_________

E-mail：____________

__________招标有限公司

_____年___月___日

二、投标人须知前附表

条款号	条款名称	编列内容
1.1.2	招标人	招标人：____房地产开发有限公司 地址：____________ 邮编：_____ 联系人：_________ 电话：_________传真：_________
1.1.3	招标代理机构	名称：______招标有限公司 地址：____________

		联系人：________ 电话：____________ 传真：____________ 电子邮件：____________
1.1.4	项目名称	____________土建工程施工
1.1.5	建设地点	____________
1.2.1	资金来源	自筹资金
1.2.2	出资比例	100%
1.2.3	资金落实情况	已落实
1.3.1	招标范围	________工程施工，总建筑面积________m^2 关于招标范围的详细说明见“技术标准和要求”
1.3.2	计划工期	____年___月___日—____年___月____日
1.3.3	质量要求	合格
1.4.1	投标人资质、能力和信誉	资质条件：具有房屋建筑工程施工总承包二级以上（含二级）资质的独立法人单位 财务要求：3年 业绩要求：3年 信誉要求： 1．无拖欠工程款和农民工工资的行为； 2．近三年内无重大安全事故； 3．近三年内合法运营； 4．三年内无欠款欠税的行为。 项目经理资格：房建专业二级项目经理或二级注册建造师执业资格，具备有效的安全生产考核合格证书，且不得担任其他在施建设工程项目的项目经理
1.4.2	是否接受联合体投标	不接受
1.9.1	踏勘现场	不组织
1.10.1	投标预备会	不召开，投标人如对招标文件及图纸有任何疑问，请以书面方式递交
1.10.2	投标人提出问题的截止时间	_____年___月___日__时
1.10.3	招标人书面澄清的时间	_____年___月___日__时
1.11	分包	不允许
1.12	偏离	不允许
2.1	构成招标文件的其他材料	
2.2.1	投标人要求澄清招标	_____年___月___日__时

	文件的截止时间	
2.2.2	投标截止时间	____年___月___日__时
2.2.3	投标人确认收到招标文件澄清的时间	在收到相应澄清文件后8小时内
2.3.2	投标人确认收到招标文件修改的时间	在收到相应修改文件后8小时内
3.1.1	构成投标文件的其他材料	
3.3.1	投标有效期	90天（日历日）
3.4.1	投标保证金	1．投标保证金的形式：现金、支票、电汇或银行汇票 2．投标保证金的金额：人民币　　万元 3．递交方式：以支票、电汇或银行汇票方式递交应在投标截止时间3个工作日前递交至招标代理机构，以现金方式递交应在投标截止时间1个工作日前递交。 收款人：　　招标有限公司 开户银行：________ 账　　号：________
3.5.2	近年财务状况年份要求	____年，指____年___月___日起至____年___月___日止
3.5.3	近年完成类似项目年份要求	____年，指____年___月___日起至____年___月___日
3.5.5	近年发生诉讼及仲裁情况年份要求	____年，指____年___月___日起至____年___月___日止
3.6	是否允许递交备选投标方案	不允许
3.7.3	签字和（或）盖章要求	投标文件封面、投标函以及投标文件格式中要求加盖印章处均应加盖投标人公章并经法定代表人或其委托代理人签字或盖章
3.7.4	投标文件份数	正本一份 副本六份 投标文件电子版光盘2张（依据招标文件要求，提供“投标文件的组成”所列内容的电子版，接受WORD、EXCEL、PDF三种格式）
3.7.5	装订要求	按照投标人须知前附表第3.1.1项规定的投标文件组成内容，投标文件应按以下要求装订：分册装订，共分二册，分别为： 第一册： 1．投标函，包括投标函及投标函附录。 2．商务标，包括法定代表人身份证明；授权委托书；已标价工程量清单；资格审查申请书；承诺书；投标人须知前附表规定的其他材料。 第二册： 技术标，包括施工组织设计；项目管理机构。 每册采用固定方式装订，装订应牢固，不易拆散和换页，

		不得采用活页装订
4.1.2	封套上写明	招标人地址：__________ 招标人名称：__________ ________（项目名称）____标段投标文件在__年__月__日时__分前不得开启
4.4.2	递交投标文件地点	____________________
4.2.3	是否退还投标文件	不退还
5.1	开标时间和地点	开标时间：____年___月___日___时 开标地点：____________________
5.2	开标程序	密封情况检查：请投标人代表在开标前当众检查 开标顺序：按递交投标文件的逆顺序
6.1.1	评标委员会的组建	评标委员会构成：__人，其中招标人代表__人，专家 __人； 评标专家确定方式：随机抽取确定
7.1	是否授权评标委员会确定中标人	否，推荐的中标候选人数：___
7.3.1	履约担保	履约担保的形式：现金或支票 履约担保的金额：中标价的10%
10	需要补充的其他内容：	
10.1.1	类似项目	类似项目是指：与本工程同规模，同造价
10.1.2	不良行为记录	不良行为记录是指： 1．有拖欠工程款和农民工工资的行为； 2．近三年内有重大安全事故； 3．近三年内非法运营； 4．近三年内有欠款欠税的行为
10.2招标控制价	招标控制价	设招标控制价，招标控制价为：_______万元。投标人的投标报价超过本招标控制价做废标处理
10.3“暗标”评审	施工组织设计是否采用“暗标”评审方式	不采用
10.4 投标文件电子版		
	是否要求投标人在递交投标文件时，同时递交投标文件电子版	要求： 1．投标文件电子版内容：递交投标文件中的所有内容，与纸质投标文件一致。 2．投标文件电子版份数： 二份 3．投标文件电子版形式：WORD、EXCEL、PDF。（依据招标文件要求，提供“投标文件的组成”所列内容的电子版，接受 WORD、EXCEL、PDF 三种格式）。 投标文件电子版密封方式：单独放入一个密封袋中，在封套上标记“投标文件电子版”字样。与投标文件正、副本一起包封
10.5 计算机辅助评标		

	是否实行计算机辅助评标	否

10.6 投标人代表出席开标会

	按照本须知第 5.1 款规定的时间、地点，招标人邀请所有投标人的法定代表人或其委托代理人参加开标会。投标人法定代表人或授权代表人必须携带本人身份证（原件），授权代表人须同时携带投标人授权委托书参加开标会，以备查验

10.7 中标公示

	在中标通知书发出前，招标人将中标候选人的情况在本招标项目招标公告发布的同一媒介予以公示，公示期不少于 3 个工作日

10.8 知识产权

	构成本招标文件各个组成部分的文件，未经招标人书面同意，投标人不得擅自复印和用于非本招标项目所需的其他目的。招标人全部或者部分使用未中标人投标文件中的技术成果或技术方案时，需征得其书面同意，并不得擅自复印或提供给第三人

10.9 重新招标的其他情形

	除投标人须知规定的“不再招标”情形外，除非已经产生中标候选人，在投标有效期内同意延长投标有效期的投标人少于三个的，招标人应当依法重新招标

10.10同义词语

	构成招标文件组成部分的“通用合同条款”、“专用合同条款”、“技术标准和要求”和“工程量清单”等章节中出现的措辞“发包人”和“承包人”，在招标投标阶段应当分别按“招标人”和“投标人”进行理解

10.11 监督

	本项目的招标投标活动及其相关人应当接受有管辖权的建设工程招标投标行政监督部门依法实施的监督

10.12 解释权

	构成本招标文件的各个组成文件应互为解释，互为说明；如有不明确或不一致，构成合同文件组成内容，以合同文件约定内容为准，且以专用合同条款约定的合同文件优先顺序解释；除招标文件中有特别规定外，仅适用于招标投标阶段的规定，按招标公告（投标邀请书）、投标人须知、评标办法、投标文件格式的先后顺序解释；同一组成文件中就同一事项的规定或约定不一致的，以编排顺序在后者为准；同一组成文件不同版本之间有不一致的，以形成时间在后者为准。按本款前述规定仍不能形成结论的，由招标人负责解释

10.13 招标人补充的其他内容

10.13.1	付款方式	中标人按规定格式办理履约担保（中标总价的10%）并签署合同后，待工程全部竣工验收合格后，第一年支付至工程价款总额的70%，第二年支付至工程价款总额的90%，结算预留工程价款总额的10%做为质量保证金，待质保期满后一次结清
10．13.2	本工程共分二个标段，投标人可兼投但不兼中。如果投标人在二个以上标段排名第一，按投标函中优选顺序确定中标标段	

10．13.3	_____建设工程投标人信息库入库证明 依据_____省住建厅《关于印发〈加强投标人信息库建设指导意见〉的通知》（__住建实行投标人信息库管理的通知）（___建招[20××] ××号）要求，投标人应出具《___市建设工程投标人信息库入库证明》。投标时在××建设工程信息网上打印带有水印标识的《____市建设工程投标人信息库证明》
10.13.4	外埠企业应到___省及___市建设主管部门办理企业和安全生产许可证备案审核，并持备案登记手续进行招投标活动。 备案手续原件应在开标时与投标文件一同递交招标人，复印件应分别装订在投标文件正本、副本内。如未提交，视为实质性不响应招标文件要求，做废标处理
10.13.5	规费和税金 规费和税金的计取标准是依据有关法律、法规和政策规定制定的，具有强制性。投标人在投标报价时必须按照工程造价管理部门核定的规费计取标准计取，外埠来我市施工的企业必须按照针对本工程项目，由工程造价管理部门核定的规费计取标准计取
10.13.6	社会保障费 依据《___市人民政府办公厅以__政办发___号文件颁发、自___年___月___日起施行的《___市建设工程社会保障费管理办法》及___市城乡建设委员会以×建发[20××]××号文件颁发、自____年月28日起施行的《××市建设工程社会保障费管理办法实施细则》的规定，社保费由建设单位在办理中标通知书备案前向市建管站缴纳。社保费的计取标准为建设工程总造价的3.07%。此项费用不计入投标报价
10.14	建筑市场交易服务费中标人需在开标结束后，中标通知书下达前向建设工程交易中心支付建筑市场交易服务费。收费标准参见《关于制定建设工程交易中心服务收费标准的通知》___价发______号文件和《关于继续收取建设工程交易服务费的批复》__价函_______文件。其中建设工程交易中心服务费的收取标准按照规定执行，此费用含在投标报价中，建设工程交易中心服务费只收取现金和支票
10.15	招标代理服务费 根据国家发改委“计价格“和“发改办价格”文件规定，招标代理机构将向中标单位收取服务费，金额为中标工程中标金额的仟分。招标代理服务费不得在投标报价中单列。招标代理服务费在中标通知书核准后一次性向招标代理机构付清

三、投标人须知

1．总则

1.1 项目概况

1.1.1 根据《中华人民共和国招标投标法》等有关法律、法规和规章的规定，本招标项目已具备招标条件，现对本标段施工进行招标。

1.1.2 本招标项目招标人：见投标人须知前附表。

1.1.3 本标段招标代理机构：见投标人须知前附表。

1.1.4 本招标项目名称：见投标人须知前附表。

1.1.5 本标段建设地点：见投标人须知前附表。

1.2 资金来源和落实情况

1.2.1 本招标项目的资金来源：见投标人须知前附表。

1.2.2 本招标项目的出资比例：见投标人须知前附表。

1.2.3 本招标项目的资金落实情况：见投标人须知前附表。

1.3 招标范围、计划工期和质量要求

1.3.1 本次招标范围：见投标人须知前附表。

1.3.2 本标段的计划工期：见投标人须知前附表。

1.3.3 本标段的质量要求：见投标人须知前附表。

1.4 投标人资格要求

1.4.1 投标人应具备承担本标段施工的资质条件、能力和信誉。

（1）资质条件：见投标人须知前附表；

（2）财务要求：见投标人须知前附表；

（3）业绩要求：见投标人须知前附表；

（4）信誉要求：见投标人须知前附表；

（5）项目经理资格：见投标人须知前附表；

（6）其他要求：见投标人须知前附表。

1.4.2 投标人须知前附表规定接受联合体投标的，除应符合本节 1.4.1 项和投标人须知前附表的要求外，还应遵守以下规定：

（1）联合体各方应按招标文件提供的格式签订联合体协议书，明确联合体牵头人和各方权利义务；

（2）由同一专业的单位组成的联合体，按照资质等级较低的单位确定资质等级；

（3）联合体各方不得再以自己名义单独或参加其他联合体在同一标段中投标。

1.4.3 投标人不得存在下列情形之一：

（1）为招标人不具有独立法人资格的附属机构（单位）；

（2）为本标段前期准备提供设计或咨询服务的，但设计施工总承包的除外；

（3）为本标段的监理人；

（4）为本标段的代建人；

（5）为本标段提供招标代理服务的；

（6）与本标段的监理人或代建人或招标代理机构同为一个法定代表人的；

（7）与本标段的监理人或代建人或招标代理机构相互控股或参股的；

（8）与本标段的监理人或代建人或招标代理机构相互任职或工作的；

（9）被责令停业的；

（10）被暂停或取消投标资格的；

（11）财产被接管或冻结的；

（12）在最近三年内有骗取中标或严重违约或重大工程质量问题的。

1.5 费用承担

投标人准备和参加投标活动发生的费用自理。

1.6 保密

参与招标投标活动的各方应对招标文件和投标文件中的商业和技术等秘密保密，违者应对由此造成的后果承担法律责任。

1.7 语言文字

除专用术语外，与招标投标有关的语言均使用中文。必要时专用术语应附有中文注释。

1.8 计量单位

所有计量均采用中华人民共和国法定计量单位。

1.9 踏勘现场

1.9.1 投标人须知前附表规定组织踏勘现场的，招标人按投标人须知前附表规定的时间、地点组织投标人踏勘项目现场。

1.9.2 投标人踏勘现场发生的费用自理。

1.9.3 除招标人的原因外，投标人自行负责在踏勘现场中所发生的人员伤亡和财产损失。

1.9.4 招标人在踏勘现场中介绍的工程场地和相关的周边环境情况，供投标人在编制投标文件时参考，招标人不对投标人据此作出的判断和决策负责。

1.10 投标预备会

1.10.1 投标人须知前附表规定召开投标预备会的，招标人按投标人须知前附表规定的时间和地点召开投标预备会，澄清投标人提出的问题。

1.10.2 投标人应在投标人须知前附表规定的时间前，以书面形式将提出的问题送达招标人，以便招标人在会议期间澄清。

1.10.3 投标预备会后，招标人在投标人须知前附表规定的时间内，将对投标人所提问题的澄清，以书面方式通知所有购买招标文件的投标人。该澄清内容为招标文件的组成部分。

1.11 分包

投标人拟在中标后将中标项目的部分非主体、非关键性工作进行分包的，应符合投标人须知前附表规定的分包内容、分包金额和接受分包的第三人资质要求等限制性条件。

1.12 偏离

投标人须知前附表允许投标文件偏离招标文件某些要求的，偏离应当符合招标文件规定的偏离范围和幅度。

2．招标文件

2.1 招标文件的组成

本招标文件包括：

（1）招标公告（或投标邀请书）；

（2）投标人须知；

（3）评标办法；

（4）合同条款及格式；

（5）工程量清单；

（6）图纸；

（7）技术标准和要求；

（8）投标文件格式；

（9）投标人须知前附表规定的其他材料。

根据本节第 1.10 款、第 2.2 款和第 2.3 款对招标文件所作的澄清、修改，构成招标文件的组成部分。

2.2 招标文件的澄清

2.2.1 投标人应仔细阅读和检查招标文件的全部内容。如发现缺页或附件不全，应及时向招标人提出，以便补齐。如有疑问，应在投标人须知前附表规定的时间前以书面形式（包括信函、电报、传真等可以有形地表现所载内容的形式，下同），要求招标人对招标文件予以澄清。

2.2.2 招标文件的澄清将在投标人须知前附表规定的投标截止时间 15 天前以书面形式发给所有购买招标文件的投标人，但不指明澄清问题的来源。如果澄清发出的时间距投标截止时间不足 15 天，相应延长投标截止时间。

2.2.3 投标人在收到澄清后，应在投标人须知前附表规定的时间内以书面形式通知招标人，确认已收到该澄清。

2.3 招标文件的修改

2.3.1 在投标截止时间 15 天前，招标人可以书面形式修改招标文件，并通知所有已购买招标文件的投标人。如果修改招标文件的时间距投标截止时间不足 15 天，相应延长投标截止时间。

2.3.2 投标人收到修改内容后，应在投标人须知前附表规定的时间内以书面形式通知招标人，确认已收到该修改。

3．投标文件

3.1 投标文件的组成

3.1.1 投标文件应包括下列内容：

（1）投标函及投标函附录；

（2）法定代表人身份证明；

（3）授权委托书；

（4）已标价工程量清单；

（5）施工组织设计；

（6）项目管理机构；

（7）拟分包项目情况表（不适用）；

（8）资格审查资料；

（9）承诺书；

（10）投标人须知前附表规定的其他材料。

3.1.2 投标人须知前附表规定不接受联合体投标的，或投标人没有组成联合体的，投标文件不包括联合体协议书。

3.2 投标报价

3.2.1 投标人应按“工程量清单”的要求填写相应表格。

3.2.2 投标人在投标截止时间前修改投标函中的投标总报价，应同时修改“工程量清单”中的相应报价。此修改须符合本节 4.3 款的有关要求。

3.3 投标有效期

3.3.1 在投标人须知前附表规定的投标有效期内，投标人不得要求撤销或修改其投标文件。

3.3.2 出现特殊情况需要延长投标有效期的，招标人以书面形式通知所有投标人延长投标有效期。投标人同意延长的，应相应延长其投标保证金的有效期，但不得要求或被允许修改或撤销其投标文件；投标人拒绝延长的其投标失效，但投标人有权收回其投标保证金。

3.4 投标保证金

3.4.1 投标人在递交投标文件的同时，应按投标人须知前附表规定的金额、担保形式递交投标保证金，并作为其投标文件的组成部分。联合体投标的，其投标保证金由牵头人递交，并应符合投标人须知前附表的规定。

3.4.2 投标人不按 3.4.1 项要求提交投标保证金的，其投标文件作废标处理。

3.4.3 招标人与中标人签订合同后 5 个工作日内，向未中标的投标人和中标人退还投标保证金。

3.4.4 有下列情形之一的，投标保证金将不予退还：

（1）投标人在规定的投标有效期内撤销或修改其投标文件；

（2）中标人在收到中标通知书后，无正当理由拒签合同协议书或未按招标文件规定提交履约担保。

3.5 资格审查资料

3.5.1 “投标人基本情况表”应附投标人营业执照副本及其年检合格的证明材料、资质证书副本和安全生产许可证等材料的复印件。

3.5.2 “近年财务状况表”应附经会计师事务所或审计机构审计的财务会计报表，包括资产负债表、现金流量表、利润表和财务情况说明书的复印件，具体年份要求见投标人须知前附表。

3.5.3 “近年完成的类似项目情况表”应附中标通知书和（或）合同协议书、工程接收证书（工程竣工验收证书）的复印件，具体年份要求见投标人须知前附表。每张表格只填写一个项目，并标明序号。

3.5.4 “正在施工和新承接的项目情况表”应附中标通知书和（或）合同协议书复印件。每张表格只填写一个项目，并标明序号。

3.5.5 “近年发生的诉讼及仲裁情况”应说明相关情况，并附法院或仲裁机构作出的判决、裁决等有关法律文书复印件，具体年份要求见投标人须知前附表。

3.5.6 投标人须知前附表规定接受联合体投标的，本节 3.5.1 项至第 3.5.5 项规定的表格和资料应包括联合体各方相关情况。

3.6 备选投标方案

除投标人须知前附表另有规定外，投标人不得递交备选投标方案。允许投标人递交备选投标方案的，只有中标人所递交的备选投标方案方可予以考虑。评标委员会认为中标人的备选投标方案优于其按照招标文件要求编制的投标方案的，招标人可以接受该备选投标方案。

3.7 投标文件的编制

3.7.1 投标文件应按“投标文件格式”进行编写，如有必要，可以增加附页，作为投标文件的组成部分。其中，投标函附录在满足招标文件实质性要求的基础上，可以提出比招标文件要求更有利于招标人的承诺。

3.7.2 投标文件应当对招标文件有关工期、投标有效期、质量要求、技术标准和要求、招标范围等实质性内容作出响应。

3.7.3 投标文件应用不褪色的材料书写或打印，并由投标人的法定代表人或其委托代理人签字或盖单位章。委托代理人签字的，投标文件应附法定代表人签署的授权委托书。投标文件应尽量避免涂改、行间插字或删除。如果出现上述情况，改动之处应加盖单位章或由投标人的法定代表人或其授权的代理人签字确认。签字或盖章的具体要求见投标人须知前附表。

3.7.4 投标文件正本一份，副本份数见投标人须知前附表。正本和副本的封面上应清楚地标记“正本”或“副本”的字样。当副本和正本不一致时，以正本为准。

3.7.5 投标文件的正本与副本应分别装订成册，并编制目录，具体装订要求见投标人须知前附表规定。

4．投标

4.1 投标文件的密封和标记

4.1.1 投标人应将所有投标文件的正本、副本和投标文件电子版光盘分别密封，并在密封袋上清楚地标明“正本”、“副本”、“投标文件电子版光盘”，再将装有正本、所有副本、投标文件电子版光盘的三个密封袋共同密封在一个外层投标文件密封袋中。

4.1.2 投标文件的封套上应清楚地标记“正本”或“副本”字样，封套上应写明的其他内容见投标人须知前附表。

4.1.3 未按本节4.1.1项或4.1.2项要求密封和加写标记的投标文件，招标人不予受理。

4.2 投标文件的递交

4.2.1 投标人应在规定的投标截止时间前递交投标文件。

4.2.2 投标人递交投标文件的地点：见投标人须知前附表。

4.2.3 除投标人须知前附表另有规定外，投标人所递交的投标文件不予退还。

4.2.4 招标人收到投标文件后，向投标人出具签收凭证。

4.2.5 逾期送达的或者未送达指定地点的投标文件，招标人不予受理。

4.3 投标文件的修改与撤回

4.3.1 在规定的投标截止时间前，投标人可以修改或撤回已递交的投标文件，但应以书面形式通知招标人。

4.3.2 投标人修改或撤回已递交投标文件的书面通知应按照要求签字或盖章。招标人收到书面通知后，向投标人出具签收凭证。

4.3.3 修改的内容为投标文件的组成部分。修改的投标文件应按照规定进行编制、密封、标记和递交，并标明“修改”字样。

5．开标

5.1 开标时间和地点

招标人在规定的投标截止时间(开标时间)和投标人须知前附表规定的地点公开开标，并邀请所有投标人的法定代表人或其委托代理人准时参加。

5.2 开标程序

主持人按下列程序进行开标：

（1）宣布开标纪律；

（2）宣布开标人、唱标人、记录人、监标人等有关人员姓名；

（3）按照投标人须知前附表规定检查投标文件的密封情况；

（4）按照投标人须知前附表的规定确定并宣布投标文件开标顺序；

（5）设有招标控制价的，公布招标控制价；

（6）按照宣布的开标顺序当众开标，公布投标人名称、标段名称、投标保证金的递交情况、投标报价、质量目标、工期及其他内容，并记录在案；

（7）投标人代表、招标人代表、监标人、记录人等有关人员在开标记录上签字确认；

（8）开标结束。

6. 评标

6.1 评标委员会

6.1.1 评标由招标人依法组建的评标委员会负责。评标委员会由招标人或其委托的招标代理机构熟悉相关业务的代表，以及有关技术、经济等方面的专家组成。评标委员会成员人数以及技术、经济等方面专家的确定方式见投标人须知前附表。

6.1.2 评标委员会成员有下列情形之一的，应当回避：

（1）招标人或投标人的主要负责人的近亲属；

（2）项目主管部门或者行政监督部门的人员；

（3）与投标人有经济利益关系，可能影响对投标公正评审的；

（4）曾因在招标、评标以及其他与招标投标有关活动中从事违法行为而受过行政处罚或刑事处罚的。

6.2 评标原则

评标活动遵循公平、公正、科学和择优的原则。

6.3 评标

评标委员会按照“评标办法”规定的方法、评审因素、标准和程序对投标文件进行评审。“评标办法”没有规定的方法、评审因素和标准，不作为评标依据。

7. 合同授予

7.1 定标方式

除投标人须知前附表规定评标委员会直接确定中标人外，招标人依据评标委员会推荐的中标候选人确定中标人，评标委员会推荐中标候选人的人数见投标人须知前附表。

7.2 中标通知

在规定的投标有效期内，招标人以书面形式向中标人发出中标通知书，同时将中标结果通知未中标的投标人。

7.3 履约担保

7.3.1 在签订合同前，中标人应按投标人须知前附表规定的金额、担保形式和招标文件“合同条款及格式”规定的履约担保格式向招标人提交履约担保。联合体中标的，其履约担保由牵头人递交，并应符合投标人须知前附表规定的金额、担保形式和招标文件“合同条款及格式”规定的履约担保格式要求。

7.3.2 中标人不能按要求提交履约担保的，视为放弃中标，其投标保证金不予退还，给招标人造成的损失超过投标保证金数额的，中标人还应当对超过部分予以赔偿。

7.4 签订合同

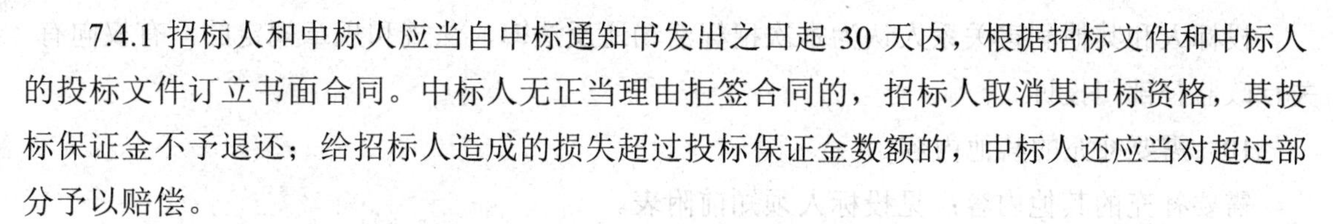

7.4.1 招标人和中标人应当自中标通知书发出之日起 30 天内，根据招标文件和中标人的投标文件订立书面合同。中标人无正当理由拒签合同的，招标人取消其中标资格，其投标保证金不予退还；给招标人造成的损失超过投标保证金数额的，中标人还应当对超过部分予以赔偿。

7.4.2 发出中标通知书后，招标人无正当理由拒签合同的，招标人向中标人退还投标保证金；给中标人造成损失的，还应当赔偿损失。

8. 重新招标和不再招标

8.1 重新招标

有下列情形之一的，招标人将重新招标：

（1）投标截止时间止，投标人少于 3 个的；

（2）经评标委员会评审后否决所有投标的。

8.2 不再招标

重新招标后投标人仍少于 3 个或者所有投标被否决的，属于必须审批或核准的工程建设项目，经原审批或核准部门批准后不再进行招标。

9. 纪律和监督

9.1 对招标人的纪律要求

招标人不得泄漏招标投标活动中应当保密的情况和资料，不得与投标人串通损害国家利益、社会公共利益或者他人合法权益。

9.2 对投标人的纪律要求

投标人不得相互串通投标或者与招标人串通投标，不得向招标人或者评标委员会成员行贿谋取中标，不得以他人名义投标或者以其他方式弄虚作假骗取中标；投标人不得以任何方式干扰、影响评标工作。

9.3 对评标委员会成员的纪律要求

评标委员会成员不得收受他人的财物或者其他好处，不得向他人透漏对投标文件的评审和比较、中标候选人的推荐情况以及评标有关的其他情况。在评标活动中，评标委员会成员不得擅离职守，影响评标程序正常进行，不得使用“评标办法”没有规定的评审因素和标准进行评标。

9.4 对与评标活动有关的工作人员的纪律要求

与评标活动有关的工作人员不得收受他人的财物或者其他好处，不得向他人透漏对投标文件的评审和比较、中标候选人的推荐情况以及评标有关的其他情况。在评标活动中，与评标活动有关的工作人员不得擅离职守，影响评标程序正常进行。

9.5 投诉

投标人和其他利害关系人认为本次招标活动违反法律、法规和规章规定的，有权向有关行政监督部门投诉。

10. 需要补充的其他内容

需要补充的其他内容：见投标人须知前附表。

四、评标办法前附表

条款号		评审因素	评审标准
2.1.1	形式评审标准	投标人名称	与营业执照、资质证书、安全生产许可证一致
		投标函签字盖章	有法定代表人或其委托代理人签字或加盖单位章
		投标文件格式	符合第八章“投标文件格式”的要求
		联合体投标人（如有）	提交联合体协议书，并明确联合体牵头人
		报价唯一	只能有一个有效报价
		……	……
2.1.2	资格评审标准	营业执照	具备有效的营业执照
		安全生产许可证	具备有效的安全生产许可证
		资质等级	符合第二章“投标人须知前附表”第1.4.1项规定
		财务状况	符合第二章“投标人须知前附表”第1.4.1项规定
		类似项目业绩	符合第二章“投标人须知前附表”第1.4.1项规定
		信誉	符合第二章“投标人须知前附表”第1.4.1项规定
		项目经理	符合第二章“投标人须知前附表”第1.4.1项规定
		其他要求	符合第二章“投标人须知前附表”第1.4.1项规定
		联合体投标人（如有）	符合第二章“投标人须知前附表”第1.4.2项规定
		……	……
2.1.3	响应性评审标准	投标内容	符合第二章“投标人须知前附表”第1.3.1项规定
		工期	符合第二章“投标人须知前附表”第1.3.2项规定
		工程质量	符合第二章“投标人须知前附表”第1.3.3项规定
		投标有效期	符合第二章“投标人须知前附表”第3.3.1项规定
		投标保证金	符合第二章“投标人须知前附表”第3.4.1项规定
		权利义务	投标函附录中的相关承诺符合或优于“合同条款及格式”的相关规定
		已标价工程量清单	符合“工程量清单”给出的子目编码、子目名称、子目特征、计量单位和工程量。
		技术标准和要求	符合“技术标准和要求”规定
		投标价格	□ 低于（含等于）拦标价，

			拦标价=__________万元。 低于（含等于）投标人须知前附表第 10.2 款载明的招标控制价。
		分包计划	符合投标人须知前附表第 1.11 款规定
2.2.1		分值构成(总分 100 分)	施工组织设计：___30___分 项目管理机构：___10___分 投标报价：___55___分 其他评分因素：___5___分
2.2.2		评标基准价计算方法	所有投标报价的算术平均值下浮 5%为评标基准价
2.2.3		投标报价的偏差率计算公式	偏差率=100%×（投标人报价－评标基准价）/评标基准价
2.2.4（1）	施工组织设计评分标准	内容完整性和编制水平（4 分）	内容完整，总体概述清楚、具体，应遵循的指导思想与目标明确的得 4 分，其余情况酌情减分
		施工方案与技术措施（6 分）	结合工程实际情况，对施工重点、难点分析透彻、全面的得 3 分；针对施工重点、难点采取技术保证措施科学合理的得 3 分，其余情况酌情减分
		质量管理体系与措施（5 分）	工程质量技术组织措施全面具体、结合工程特点可操作性强的得 4 分，其余情况酌情减分
		安全管理体系与措施（4 分）	安全生产技术组织措施科学合理得 2 分、文明施工技术保证措施具体可行的得 2 分，其余情况酌情减分
		环保管理体系与措施（4 分）	环保管理体系与措施科学合理，能够满足环保管理体系要求的得 4 分，其余情况酌情减分
		工程进度计划与措施（4 分）	施工进度计划及保证措施科学合理，能够满足施工工期要求的得 4 分，其余情况酌情减分
2.2.4（1）	施工组织设计评分标准	资源配备计划（3 分）	劳动力配置合理的得 1.5 分；施工机械设备齐全，且能满足施工要求的得 1.5 分，其余情况酌情减分
		……	……
2.2.4（2）	项目管理机构评分标准	项目经理资格与业绩（4 分）	项目经理具有国家注册壹级建造师资格的得 1 分，具有国家注册贰级建造师资格的得 0.5 分；项目经理有类似工程业绩的每项得 1 分，最多得 3 分，否则不得分
		技术负责人资格与业绩（4 分）	技术负责人具有国家注册壹级建造师资格的得 1 分，具有国家注册贰级建造师资格的得 0.5 分；技术负责人有类似工程业绩的每项得 1 分，最多得 3 分，否则不得分
		其他主要人员（2 分）	项目经理部人员配置合理齐全，满足施工要求的

			得 2 分，其余情况酌情减分
		……	……
2.2.4 （3）	投标报价 评分标准	偏差率	高于基准价 1%减 1 分，低于基准价 2%减 0.5 分
		投标报价（55 分）	在投标报价合理的基础上，计算所有投标人投标报价的算术平均值，并以此平均值下浮 5%作为基准价，投标报价等于基准价得 55 分。每高于基准价 1%减 1 分，最多扣 35 分；每低于基准价 2%减 0.5 分，低于基准价 10%（含 10%）以上的投标报价，得 0 分
2.2.4 （4）	其他因素 评分标准	报价合理性（5 分）	清单格式准确、费用构成合理的得 5 分，其余酌情减分

五、工程量清单

总说明

工程名称：______土建工程施工

1．工程概况

本工程为________土建工程施工。

2．招标范围

________土建工程施工，包括____工程施工，总建筑面积_____m^2。

3．清单编制依据

（1）设计院的设计图纸。

（2）《建设工程工程量清单计价规范》（GB 50500—2013）。

（3）《××省建设工程计价依据》×建发[20××]××号。

（3）道路为临时道路，根据现场实际情况按实结算。

4．甲控材料价格及标准

甲控材料价格及标准

（1）土建工程：

注意以下甲定价格仅为材料主材费（甲定价为暂定）。

三防门：（标准）框厚 1.5 mm，门板厚 0.8 mm，岩棉防火保温；950 元/樘。

单元电子对讲门（含电控锁、闭门器）：（标准）框厚 1.8 mm，门板厚 1.0 mm，岩棉防火保温，1150 元/m^2；

注：电子对讲部分在弱电部分按户单独报价。

塑窗：（型材）海螺、实德、海尔、LG 好佳喜，白色 65 系列，单框三玻

五金件厂家品牌：丝吉利亚、诺托、山东国强。

水泥厂家品牌：工源、冀东、千山、铁新、铧鼎。

钢材厂家品牌：鞍钢、北台、抚钢、凌钢、通钢、包钢、西林。

外墙涂料：多乐士、立邦、华润，满刮腻子一底两面。

（2）水暖工程：

冷热水管材：品牌要求金德、中材、铭仕，冷水管压力 1.25 MPa，热水管压力 2.0 MPa。

散热器品牌：圣春、锐新、品胜，高度 670 mm、壁厚 2.0 mm。

（3）电气工程：

元器件品牌具体要求：

① 隔离开关、双投开关：上海良信、沈阳斯沃，天津万高、欧文特、施耐德（统一选择单一品牌）

② 微型断路器、漏电开关、塑壳开关等：上海良信，海格电器，TCL 欧文特、施耐德电器（统一选择单一品牌）。

③ 浪涌保护器：上海良信、沈阳斯沃，天津万高、欧文特、施耐德（统一选择单一品牌）。

④投标文件要明确标明元件厂家、品牌、型号，中标后不得更改。

⑤非可视电子对讲：冠林、振威、立林、安居宝，100 元/户 。

以上甲控材料使用时需甲方现场看样订货。

工程量清单详见中国计划出版社出版的中华人民共和国《行业标准施工招标文件》（2010 版）第一卷第五章“工程量清单”正文部分。

六、技术标准和要求

1．一般规定

以下给出的工程介绍不应认为是全面的。投标人应认真阅读招标文件及其他文件，特别是认真审阅图纸，所有工程描述和技术要求均以施工图纸为准。

1.1 工程概况

本工程为________土建工程施工，已经国家有关部门批准建设。

1.2 招标范围

________土建工程施工，包括__________工程施工，总建筑面积________m^2 。

2．技术要求

2.1 砌体及混凝土工程

2.1.1 砌体及钢筋混凝土材料：

（1）本工程±0.000 以下为页岩实心砖墙。 ±0.000 以上外墙均采用 240 厚承重空心砖夹 80 厚聚苯乙烯保温板，外包 120 厚承重空心砖。

内墙均采用 240 和 120 厚承重空心砖。

（2）主题结构完成后，应适当推迟粉刷墙面的时间，带墙体干缩稳定后再进行，承重墙与混凝土梁及其他墙体交接处应沿缝长度加铺＞200 宽钢丝网，用射钉将钢丝网绑紧钉牢，做饰面前用建筑胶水泥浆涤刷钢丝网。

（3）外墙门窗洞口两侧在 120 mm 范围内砌同类实心砖。

2.1.2 保温材料：

（1）夹心墙聚苯乙烯板容重不小于 18 kg/m^3。传热系统 0.05（W/m^2 ·k）氧指数＞30%。

（2）其他封闭阳台采用 EPS 板外贴 80 厚保温。局部外贴挤塑板保温厚度见节点详图。

EPS 板容重不小于 18 kg/m^3。传热系数 0.041（W/m^2 · k）氧指数＞30%。

挤塑板容重不小于 25 kg/m^3。传热系数 0.030（W/m^2 · k）。

（3）楼梯间抹 YYJ 系列保温涂料 40 厚（代替砂浆）。

2.1.3 留洞：

（1）楼板预留孔洞要求位置准确，严谨剔凿，断筋，孔洞应用套管穿孔并用 C20 细石混凝土浇灌严密且厨，卫生间，浴室须做闭水试验，要求 24 小时无渗漏方为合格。

（2）混凝土墙体及砌墙体上的预留孔洞及埋件需在施工时预留，不得事后剔凿。

2.1.4 墙体防潮：

（1）墙体防潮做法为 20 厚 1∶2.5 水泥砂浆内掺水泥重量 5%的防水剂。设在室内地坪以下－0.100 m 处，且闭合胶圈。

（2）厨房、卫生间、露台及阳台墙体根部（门口除外）应预先浇筑 200 高同墙宽的 C15 素混凝土坎或砌三皮页岩实心砖。

2.1.5 其他：

（1）所有室内竖井外壁均于管道安装后砌筑。

（2）所有室内墙体留洞开通时需采取如下措施：箱背面封 ϕ4 钢筋网二层后再抹灰，箱顶做过梁每边大于 150。

外墙砖（通体砖）：防冻通体砖。

楼梯踏步花岗岩：厚度不得小于 20 mm。

2.2 防水工程

2.2.1 屋内防水：

（1）防水等级为Ⅲ级。一道设防 4 厚。不上人屋面 SBS 板岩卷材自带保护层。

（2）屋面柔性防水层在女儿墙和突出屋面结构的交接处均做泛水，其高度≥250。屋面转角处，直式和横式水落口周围，及屋面设施下部等处做附加增强层（涂膜和聚脂无纺布或化纤无纺布）。出屋面管道或泛水一下穿墙管，安装后用细石混凝土封严，管根四周与找平层及刚性防水层之间留凹槽嵌填密封材料，且管道周围的找平层加大排水坡度并增设柔性防水附加层与防水层固定密封。水落口周围 500 直径范围内坡度不小于 5%。

（3）防水找平层应做分格，其缝纵横间距≤6 m，缝宽 10 并嵌填密封材料。分格缝宜留置在支撑端。

（4）无配筋细石混凝土防水层与女儿墙，山墙交接处留 20 宽缝隙并嵌填合成高分子密封材料；板中分格留缝，分格缝间距≤2 m，缝深度≥混凝土厚的 2/3 缝宽 10，缝内嵌填合成高分子密封材料。

（5）配筋细石混凝土防水层与女儿墙，山墙交接处刈 20 宽缝隙并嵌填高分子密封材料；板中留分缝，分格缝间距≤6 m，缝宽 20，钢筋网片断开，缝内嵌填高分子密封材料。

（6）密封材料嵌缝深度是缝宽度的 0.5～0.7 倍，其嵌缝基面应涂刷与密封材料相配套的基层处理剂。密封材料底部应设置背衬材料，背衬材料应是与密封材料不相黏结或黏结力弱的材料。

（7）平屋面采用炉渣找坡必须经过筛分，粒径控制在 5～40 mm，其中不应含有有机物、石块、土块、渣块和未燃尽煤块（如炉渣无货时，改用 1∶8 水泥陶粒找坡）。

2.2.2 楼层防水：

卫生间、厨房等有水房间设聚氨酯 1.5 厚防水涂料，沿墙面高出地面 300，浴缸及淋浴位置处高出地面 1500。

上述房间门口均做 20 厚门坎，地面标高均比楼层标高低 20 楼地面找坡坡向地漏，坡度 0.5%～1.0%。

凡管道穿过此类房间时，须预埋套管并加设止水环，高出地面 50，地漏周围穿地面或墙面防水管道及预埋件周围与找平层之间预留宽 10、深 7 的凹槽，并嵌填密封材料。

风井洞边做混凝土坎边，高 100 或同踢脚高，出屋面处如为砌体做混凝土坎边，高 250。

2.2.3 其他防水：

（1）穿过外墙防水层的管道、螺栓、构件等宜预埋，在预埋件四周留凹槽，并嵌填密封材料。

2.3 散水做法

建筑外墙外侧凡无道路或广场铺砌处，设砼散水：40 厚 C15 混凝土随打随抹光，每隔 6 m 须设伸缩缝一道，留 20 宽缝，靠外墙缝 20 宽，缝中满填嵌缝膏，垫层为 150 厚碎石灌 M2.5 水泥砂浆下填 300 厚炉渣。散水宽度为 900。

2.4 装修工程

（1）室内外装饰工程施工的环境温度及基层的干燥时间应符合有关规定。

（2）室内墙阳角处均做 20 厚 1∶2.5 水泥砂浆护角，做于洞口时抹过墙角各 120 mm，用于门窗 120 mm，另一面压入框料灰口线内，其高度在门窗处为门窗的高度，在洞口、楼梯间、阳角处为通高。

(3)未注明的室内水泥砂浆窗台板其1∶2.5水泥砂浆抹面突出墙面10 mm,高30 mm,弹出窗口两侧30 mm。

(4）外墙装饰详见立面图。

(5）外墙抹灰，涂料等饰面材料的材质及颜色，应由施工单位按照设计的要求事先提供样板或样品，经市规划部门，设计人与基建单位共同确定，方可订货施工。施工作法待材料确定后与制造厂商共同确定。

(6）所有砖砌（或砌块）管道井内壁均用1∶2水泥砂浆抹面，厚度20，无法二次抹灰的竖井，均用砌筑砂浆随砌随抹平、赶光。

(7）门窗及木活等木装修均刷底子油一道，调和漆两道（中等做法)。

(8）金属材料必须除锈并刷防锈漆两道，调和漆两道。

(9）所有油漆颜色由设计人员提出基本色调，施工单位做出样板，由我院会同建设单位共同决定。

(10）单元信报箱选用成品，设于单元首层入口处。具体位置、尺寸现场确定。

(11）厨房、卫生间只设计洗池、卫生坐具位置，其他位置由精装修确定。

(12）水暖管井开检修门，检修门为丙级防火门。

2.5 门窗工程

(1）门窗编号、洞口尺寸详见门窗表、门窗立面及详图。洞口与门窗框缝隙、外门窗缩尺厂家根据现场实际情况确定，门窗生产厂家要根据饰面材料和土建施工误差调正门窗尺寸。

(2)门窗主要受力构件:门窗主要受力构件。当采用单层玻璃时,相对挠度应≤$L/120$。当采用双层或多层玻璃时，相对挠度≤$L/180$

(3）外窗抗雨水渗透性能：雨水渗透性能不得低于Ⅲ级（250 Pa)。

(4）门窗玻璃：玻璃采用中空单框三玻无色透明玻璃，固定扇单框三玻，开启扇单框三玻。

(5）外窗气密性。1～5层外传气密性能不低于4级。

(6）门窗生产厂家要根据本工程实际情况对门窗受力构件进行计算并经检验合格后，提供样品和构造大样，提交业主及建筑师共同认可。

(7）门窗立樘位置除注明外均居于墙中。

(8）单元门和门斗采用中空玻璃，型材均采用阻热铝合金，由专业厂家设计施工。

(9）住宅入户门采用钢筋防盗复合门。

(10）卫生间玻璃采用白玻璃。

(11）外墙窗台低于900时并且窗外无阳台或平台时均应设防护栏杆，栏杆高度见节点详图。

（12）外窗玻璃面积超过 1.5 m^2 时必须采用安全玻璃。凡加护栏的外窗部分玻璃为安全玻璃。

2.6 节能设计

（1）本工程名称为××北苑三期土建工程施工，工程地点位于××市，属于严寒地区中严寒 C 区，节能率 65%，执行××省《居住建筑节能设计标准》（DB21/T 1476-2011）建筑面积。

（2）屋面保温层为 120 厚聚苯乙烯板容重不小于 18 kg/m^3。导热系数 0.042（W/m^2 •k）氧指数＞30%。

（3）外墙保温

夹心墙聚苯乙烯板容重不小于 18 kg/m^3 。导热系数 0.042（W/m^2 • k）氧指数＞30%。

其他封闭阳台采用聚苯乙烯板外贴 80 厚保温。

挤塑板容重不小于 25 kg/m^3。 热系数 0.030（W/m^2 • k）氧指数＞30%。

楼梯间抹 YYJ 系列保温涂料 40 厚（代替砂浆）。

（4）住宅入户门采用三防门，传热系数 1.5（W/m^2 • k）

（5）地面周边地面采用 60 厚挤塑板保温，传热系数 0.350（W/m^2 • k）=0.35 非周边地面采用 20 厚挤塑板保温，传热系数 0.350（W/m^2 • k）=0.35。

（6）窗：采用塑钢窗，固定扇单框三玻，开启扇单框三玻。

外窗（南向）采用塑钢窗，窗墙面积比为 0.26，窗传热系数为 2.0（W/m^2 • k）

外窗（北向）采用塑钢窗，窗墙面积比为 0.23，窗传热系数为 2.0（W/m^2 • k）

外窗（东向）采用塑钢窗，窗墙面积比为 0.03，窗传热系数为 2.0（W/m^2 • k）

外窗（西向）采用塑钢窗，窗墙面积比为 0.03，窗传热系数为 2.0（W/m^2 • k）

外维护结构的平均传热系数为 0.40 W/m^2 • k。

2.7 其他未尽事宜，详见施工图纸。

3．其他要求：

（1）投标申报项目经理必须具有二级以上建造师资格和具有 5 万平方米以上住宅小区施工经验，并不得更换。

（2）垂直运输塔吊不得少于 2 台。

（3）施工周转材料应准备充足，如甲方认为有必要增加，施工方必须积极配合。

（4）甲控材料价格及标准：详见工程量清单说明。

（5）总包单位报价应考虑为各专业施工队伍提供配合，甲方不再支付配合费用。

（6）土方工程在招标时由投标单位现场踏勘后按实际标高自行确定土方量（竣工后应回填至设计标高、多余土方清运），土方工程报价为总价包死，土方量不另行签证。

（7）施工区域内及周边相邻建筑物、构筑物、相邻街路和其他需要安全维护的设施，需投标单位踏勘后根据实际情况确定费用，计入相关报价中，现场不另行签证。

（8）消防检测费用由中标单位自行负责。

（9）投标文件中应包括综合单价分析表，主要材料应注明厂家、品牌、规格及单价。门窗、涂料等后期装饰材料在招标文件中给出详细标准。

（10）本招标项目中土建、给排水、暖通和电气工程中的具体内容在招标文件中详细给出。

（11）工程质量检查委托由中标单位办理，费用含在投标报价中。

（12）投标文件承诺的施工人员及材料设备必须与现场实际相符。

（13）工程质量要求达到市级以上优质工程（含市级）。

（14）不安排冬季施工。

（15）工期延误按 5000 元/天进行罚款。

（16）需要中标单位办理如下手续：

① 缴纳农民工保障金。

② 缴纳意外伤害保险。

③ 安全监督手续及施工条件确认书。

④ 签订材料检测合同。

（17）未尽事宜请及时与设计部门联系，以便共同协商解决。

4．其他需说明的问题

（1）中标人要对施工档案进行装订、整理，档案标准应符合市档案馆的管理有关规定的要求，竣工后提交一式三份给甲方，否则甲方不予拨付工程余款。

（2）中标人进驻施工现场进行施工作业和搭设临时用房，事先要征得甲方代表同意，按甲方划定的区域进行搭设。对施工现场地下的各种管线需采取有效保护措施，如造成损坏及由此引发的人身安全和事故，中标人承担一切后果和损失。

（3）其他未尽事宜均需参照国家标准有关各项安装工程安装、施工及验收规范进行施工。

技术标准和要求详见中国计划出版社出版的中华人民共和国《行业标准施工招标文件》（2010 版）第一卷第七章 “技术标准和要求” 正文部分。

【本章小结】

本章对招标公告的编制、工程招标项目、资格预审文件的编制、招标文件的编制做了比较详细的阐明。

本章的主要内容包括招标公告的内容；工程施工招标标段划分；招标投标的工作流程；招标投标各方的职责及权利；工程招标项目的需求；工程招标的方法、特点、原则、特性及范围；建筑工程市场的资质管理；招标投标行政监督管理；资格预审公告；资格审查；投标人须知前附表；招标文件的构成；招标文件的审核或备案；招标文件的保密要求；补遗文件的编制。通过本章学习，读者可以了解招标文件的主要内容；掌握招标投标的工作流程；掌握工程招标项目的需求；熟悉招标投标的行政监督管理；熟悉招标文件的构成及审核。

【本章习题】

1．招标公告的内容有哪些？

2．简述招标投标的工作流程。

3．工程招标的方法有哪些？特点是什么？

4．招标投标有哪些原则？

5．招标投标有哪些特性？

6．招标文件是由哪些文件或材料构成的？

7．招标文件保密要求的主要内容是什么？

第二章　建设工程投标

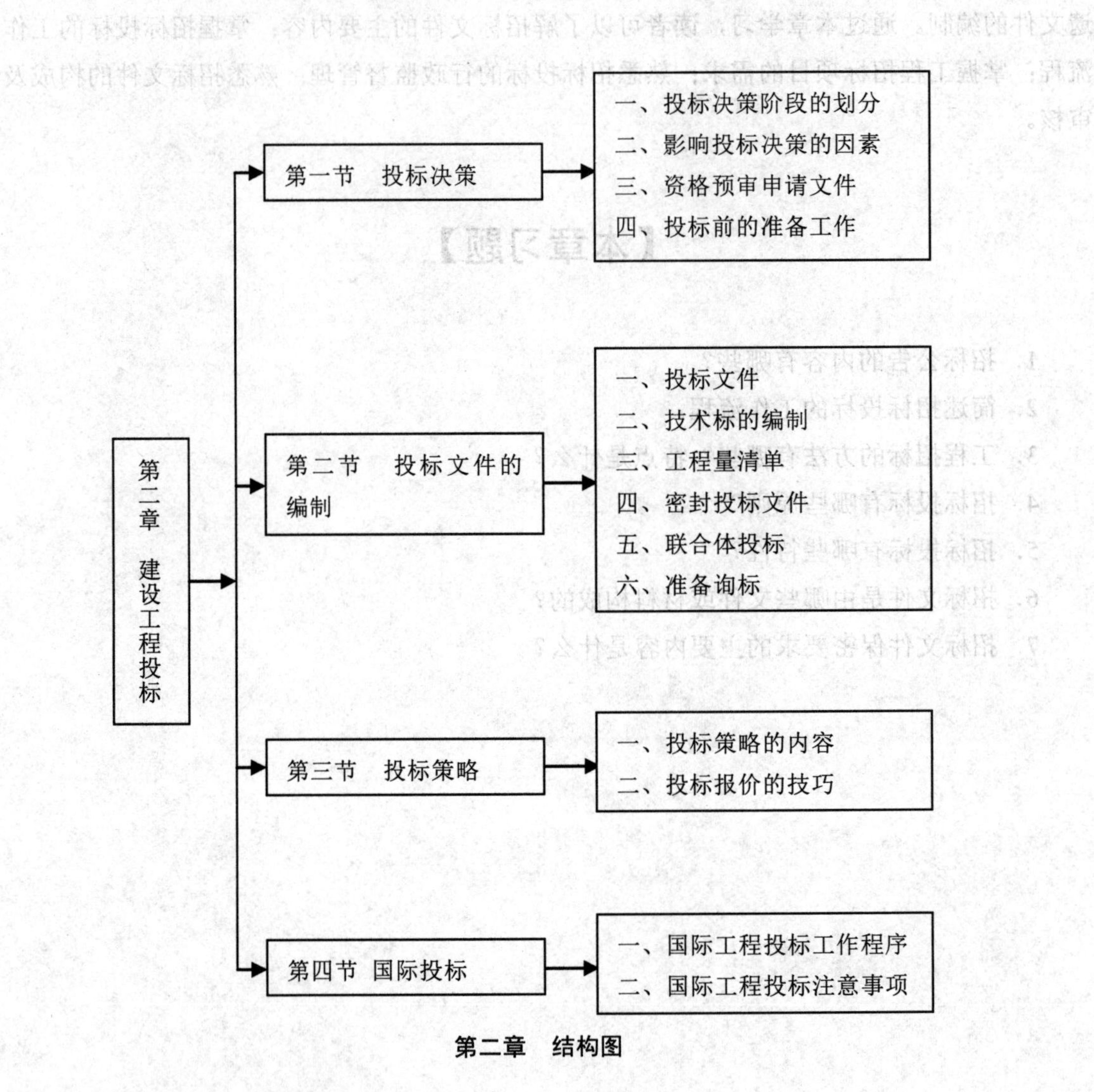

第二章　结构图

【学习目标】

- 了解投标决策的投标决策的划分及影响因素；
- 熟悉投标的工作流程；掌握投标资格预审文件的内容及格式；
- 掌握投标前期所需的准备工作；掌握投标文件的编制及构成；
- 熟悉投标策略的内容及投标报价技巧。

【本章引例】

某工程在施工招标文件中规定：本工程有预付款，数额为合同价款的10%，在合同签署并生效后7日内支付，当进度款支付达合同总价的60%时一次性全额扣回，工程进度款按季度支付。A承包商准备对该项目投标，根据图纸计算，报价为9000万元，总工期为24个月，其中：基础工程估价为1200万元，工期为6个月；上部结构工程估价为4800万元，工期为12个月；装饰和安装工程估价为3000万元，工期为6个月。 该承包商为了既不影响中标，又能在中标后取得较好的收益，决定采用不平衡报价法对原报价作适当调整，基础工程调整为1300万元，结构工程调整为5000万元，装饰和安装工程调整为2700万元。另外，该承包商还考虑到，该工程虽然有预付款，但平时工程款按季度支付不利于资金周转，决定除按上述调整后的数额报价外，还建议业主将支付条件改为：预付款为合同价的5%，工程款按月支付，其余条款不变。

【问题1】该承包商所采用的不平衡报价法是否恰当?为什么?

【问题2】除了不平衡报价法，该承包商还运用了哪一种报价技巧?运用是否得当?

第一节 投标决策

投标是指投标人根据招标文件的要求，编制并提交投标文件，响应招标、参加投标竞争的活动。投标是招标投标活动的第二阶段，投标人作为招标投标法律关系的主体之一，其投标行为的规范与否将直接影响到最终的招标效果。

投标是响应招标、参与竞争的一种法律行为。投标人应当具备承担招标项目的能力，应当具备国家有关规定及招标文件明文提出的投标资格条件，遵守规定时间，按照招标文件规定的程序和做法公平竞争。

建设工程投标是指经过审查获得投标资格的建设承包单位按照招标文件的要求，在规定的时间内向招标单位填报投标书并争取中标的法律行为。按照《招标投标法》的规定，建设工程投标人就是指响应招标并购买招标文件、参加投标竞争的法人或者其他组织，投标人应具备承担招标项目的能力。

参加投标活动必须具备一定的条件，不是所有感兴趣的法人或其他组织都可以参加投标，通常应具备几个条件：①投标人应具备承担招标项目的能力。国家有关规定或者招标文件对投标人资格条件有规定，投标人应当具备规定的资格条件，包括必须有与招标文件要求相适应的人力、物力、财力；必须有符合招标文件要求的资质证书和相应的工程经验与业绩证明。②投标人应当按照招标文件的要求编制投标文件，投标文件应当对招标文件提出的要求和条件作出实质性响应。投标的一般流程如图 2-1 所示。

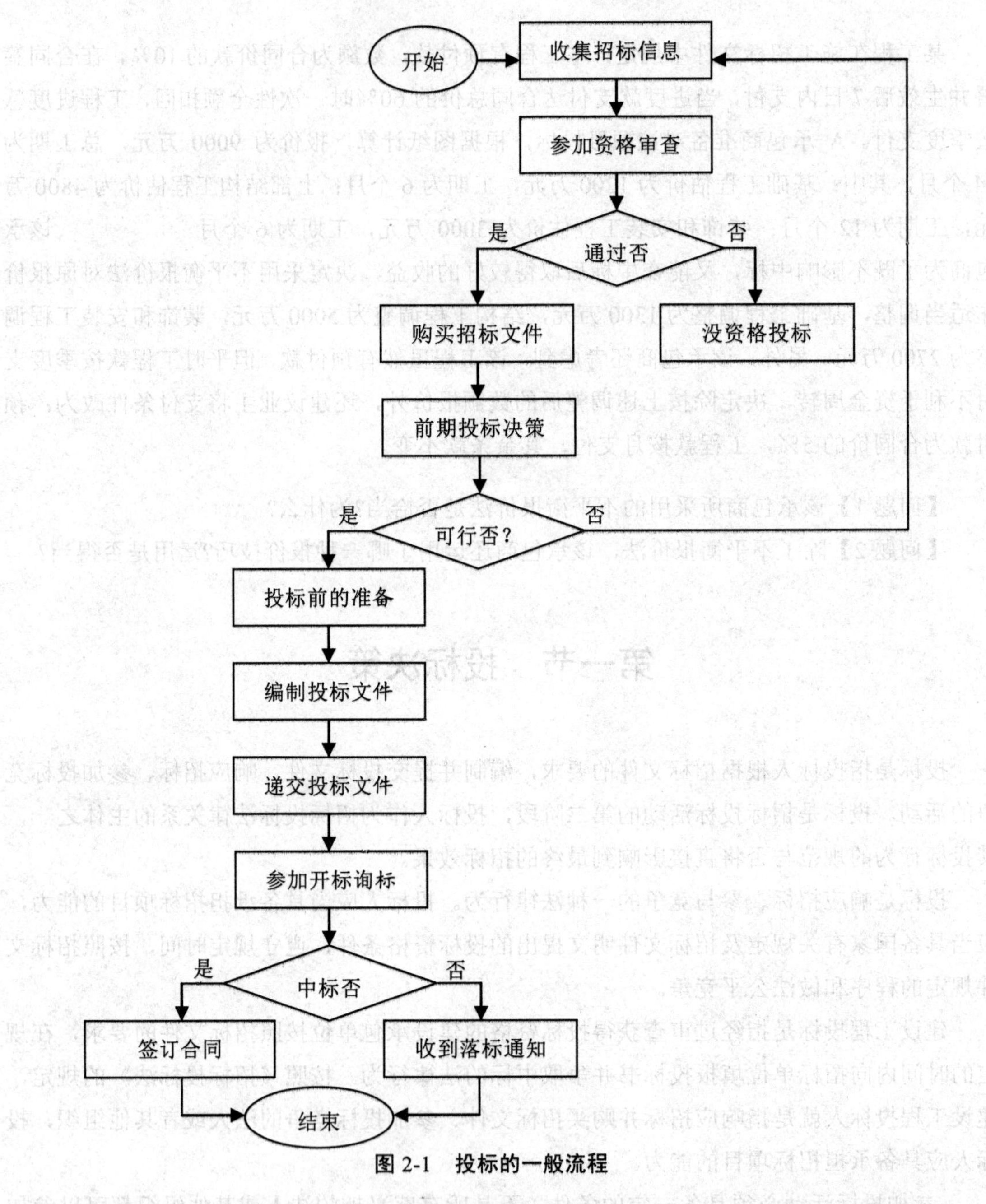

图 2-1　投标的一般流程

工程施工投标，是指施工企业根据业主或招标单位发出的招标文件的各项要求，提出满足这些要求的报价及各种与报价相关的条件。工程施工投标除单指报价外，还包括一系列建议和要求。投标是获取工程施工承包权的主要手段，也是对业主发出要约的承诺。施工企业一旦提交投标文件后，就须在规定的期限内信守自己的承诺。工程施工投标程序如图 2-2 所示。

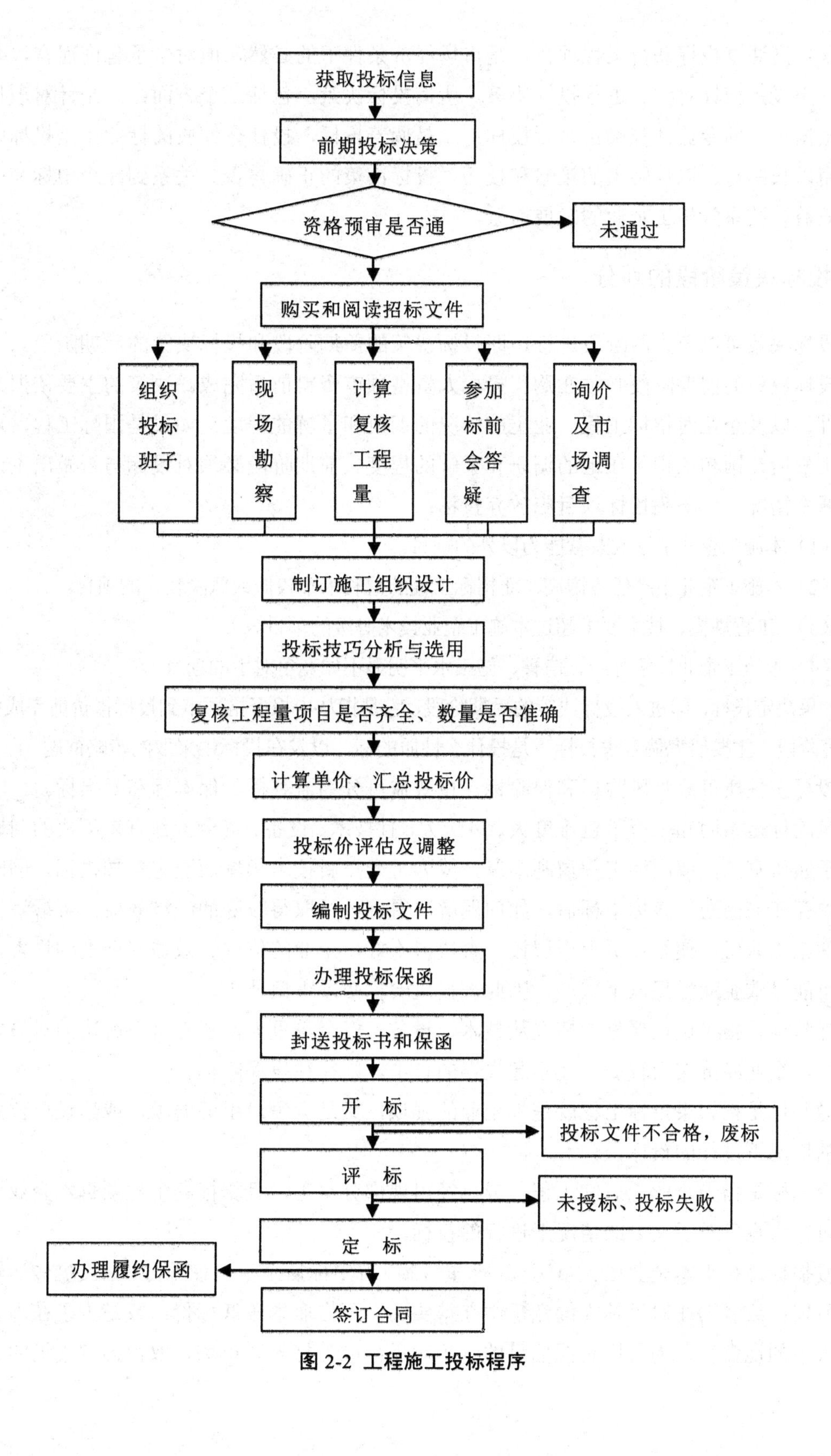

图 2-2　工程施工投标程序

承包商通过投标获得工程项目，是市场经济条件下的必然，但对于承包商而言，并不是每标必投，应针对实际进行投标决策。所谓投标决策，包括三个方面：一是针对项目投标，根据项目的专业性等确定是否投标；二是倘若投标，投什么性质的标；三是投标中如何采用以长制短、以优胜劣的策略和技巧。投标决策的正确与否，关系到能否中标和中标后的效益，关系到施工企业的发展前景。

一、投标决策阶段的划分

投标决策可以分为两阶段进行，即投标决策的前期阶段和投标决策的后期阶段。

投标决策的前期阶段必须在购买投标人资格预审资料前后完成。决策的主要依据是招标文件，以及企业对招标工程、业主的情况的调研和了解的程度。如果是国际工程，还包括对工程所在国和工程所在地的调研和了解的程度。前期阶段必须对投标与否做出论证。

通常情况下，下列招标项目应放弃投标：

（1）本施工企业主管或兼营能力以外的项目。

（2）本施工企业生产任务饱满，而招标工程的盈利水平较低或风险较大的项目。

（3） 工程规模、技术要求超过本施工企业技术等级的项目。

（4）本施工企业技术等级、信誉、施工水平明显不如竞争对手的项目。

如果决定投标，即进入投标决策的后期阶段，它是指从申报资格预审到投标报价前完成的决策研究阶段。主要研究倘若去投标，是投什么性质的标，以及在投标中采取的策略问题。

投标按性质可分为风险标和保险标。按效益可分为盈利标、保本标和亏损标。

风险标是指明知工程承包难度大、风险大，且技术、设备、资金上都有未解决的问题，但由于队伍窝工，或因为工程盈利丰厚，或为了开拓新技术领域而决定参加投标，同时设法解决存在的问题。该标中标后，如问题解决得好，可取得较好的经济效益，可锻炼出一支好的施工队伍，使企业更上一层楼，解决得不好，企业的信誉、效益就会受到损害，严重者可能导致企业亏损以至破产。因此，投风险标必须审慎从事。

保险标是指对可以遇见的情况从技术、设备、资金等重大问题都有了解决的对策之后再投标。企业经济实力较弱，经不起失误的打击，则往往投保险标。

盈利标是指如果招标工程既是本企业的强项，又是竞争对手的弱项，或建设单位意见明确的情况下进行的投标。

保本标是指当企业无后续工程，或已经出现部分窝工，且招标的工程项目本企业又无优势可言，竞争对手又多的情况下进行的投标。

亏损标是指当本企业已大量窝工，严重亏损，若中标后至少可使部分人工、机械运转，减少亏损；或者为在对手林立的竞争中夺得头标，不惜血本压低标价；或是为了在本企业一统天下的地盘里，为挤垮企图插足的竞争对手；或为打入新市场，取得拓宽市场的立足点而压低标价的情况下进行的投标。

二、影响投标决策的因素

“知己知彼，百战不殆。”工程投标决策研究就是知己知彼的研究。这个“己”就是影响投标决策的主观因素，“彼”就是影响投标决策的客观因素。

1．影响投标决策的主观因素

投标或者弃标，首先取决于投标单位的实力，其实力体现在以下几方面：

（1）技术方面的实力。投标单位的技术实力主要包括以下几方面：

①由精通本行业的造价师、建筑师、工程师、会计师和管理专家组成的组织机构。

②有工程项目设计、施工专业特长，能解决技术难度大和各类工程施工中的技术难题的能力。

③有国内外与招标项目同类型工程的施工经验。

④有一定技术实力的合作伙伴，如实力强的分包商、合营伙伴和代理人。

（2）经济方面的实力。投标单位的技术实力主要包括以下几方面：

①具有垫付资金的能力。如预付款是多少，在什么条件下拿到预付款。

②具有一定的固定资产和机具设备及其投入所需的资金。大型施工机械的投入，不可能一次摊销。因此，新增施工机械将会占用一定资金。另外，为完成项目必须要有一批周转材料，如模板、脚手架等，这也是占用资金的组成部分。

③具有一定的资金周转用来支付施工用款。因为对已完成的工程量需要监理工程师确认后并经过一定手续、一定时间后才能将工程款拨入。

④承担国际工程尚需筹集承包工程所需外汇。

⑤具有支付各种担保的能力。承包国内工程需要担保，承包国际工程更需要担保，不仅担保的形式多种多样，而且费用也较高。

⑥具有支付各种纳税和保险的能力。尤其在国际工程中，税种繁多，税率也高，诸如关税、进口调节税、营业税、所得税、建筑税等以及临时进入机械押金等等。

⑦由于不可抗力带来的风险。即使是属于业主的风险，承包商也会有损失，如果不属于业主的风险，则承包商损失更大，要有财力承担不可抗力带来的风险。

⑧承担国际工程往往需要重金聘请有丰富经验或有较高地位的代理人，以及其他“佣金”，也需要承包商具有这方面的支付能力。

（3）管理方面的实力。建筑承包市场是买方市场，承包工程的合同价格由作为买方的发包方起支配作用。承包商为打开承包工程的局面，应以较低报价甚至低利润取胜。为此，承包商必须在成本控制上下功夫，向管理要效益。如缩短工期，进行定额管理，辅以奖惩办法，减少管理人员，工人一专多能，节约材料，采用先进的施工方法不断提高技术水平，特别是要有“重质量”、“重合同”的意识，并有相应的切实可行的措施。

（4）信誉方面的实力。承包商一定要有良好的信誉，这是投标中标的一条重要标准。要建立良好的信誉，就必须遵守法律和行政法规，认真履约，保证工程的施工安全、工期和质量，而且各方面的实力雄厚。

2．决定投标或弃标的客观因素

通常，决定投标或弃标的客观因素主要有以下几方面：

（1）业主或监理工程师的情况。业主的合法地位、支付能力、履约信誉，监理工程师处理问题的公正性、合理性等都是投标决策的影响因素。

（2）竞争对手和竞争形势的分析。投标人是否投标，应注意竞争对手的实力、优势及投标环境的优劣情况。另外，竞争对手在建工程情况也十分重要。如果对手在建工程即将完工，可能急于获得新承包项目心切，投标报价不会很高；如果对手在建工程规模大、时间长，仍然参加投标，则标价可能很高。

从总的竞争形势来看，大型工程的承包公司技术水平高，善于管理大型复杂工程，其适应性强，可以承包大型工程；中小型工程由中小型工程公司或当地的工程公司承包可能性大。因为，当地中小型公司在当地有自己熟悉的材料、劳动供应渠道；管理人员相对比较少；有自己惯用的特殊施工方法等优势。

（3）法律、法规的情况。国内工程承包，适用本国的法律和法规，其法制环境基本相同，我国的法律、法规具有统一或基本统一的特点。

投标与否，要考虑的因素很多，需要投标人广泛、深入地调查研究，系统地积累资料，并作出全面的分析，才能使投标作出正确决策。决定投标与否，更重要的是它的效益性。投标人应对承包工程的成本、利润进行预测和分析，以供投标决策之用。

三、资格预审申请文件

投标单位在获悉招标公告或投标邀请后，应当按照招标公告或投标邀请书中所提出的资格审查要求，向招标单位申报资格审查。

为了证明自己符合资格预审须知规定的投标资格和合格条件要求，具备履行合同的能力，参加资格预审的投标单位应当提交资格预审申请文件，包括以下基本内容和格式：

（1）资格预审申请函。资格预审函是申请人响应招标人、参加招标资格预审的申请函，同意招标人或其他委托代表对申请文件进行审查，并应对所递交的资格预审申请文件及有关材料内容的完整性、真实性和有效性作出声明。

（2）法定代表人身份证或其授权委托书。

①法定代表人身份证明是申请人出具的用于证明法定代表人合法身份的证明。内容包括申请人名称、单位性质、成立时间、经营期限、法定代表人姓名、性别、年龄、职务等。

②授权委托书，是申请人及其法定代表人出具的正式文书，明确授权其委托代理人在规定的期限内负责申请文件的签署、澄清、递交、撤回、修改等活动，其活动的后果，由申请人及其法定代表人承担法律责任。

（3）联合体协议书。适用于允许联合体投标的资格预审，联合体各方联合声明共同参加资格预审和招标活动签订的联合协议。联合体协议书中应明确牵头人、各方职责分工及协议期限，承诺对递交文件承担法律责任等。

（4）申请人基本情况。申请人基本情况包括以两方面内容：

①申请人的名称、企业性质、主要投资股东、法定代表人、经营范围与方式、营业执照、注册资金、成立时间、企业资质等级与资格声明，技术负责人、联系方式、开户银行、员工专业结构与人数等。

②申请人的施工制造或服务能力：已承接任务的合同项目总价，最大年施工、生产或服务规模能力（产值），正在施工、生产或服务的规模数量（产值），申请人的施工、制造或服务质量保证体系，拟投入本项目的主要设备仪器情况。

（5）近年财务状况。申请人应提交近年（一般为近 3 年）经会计事务所或审计机构审计的财务报表，包括资产负债表、损益表、现金流量表等，用于招标人判断投标人的总体财务状况以及盈利能力和偿债能力，进而评估其承担招标项目的财务能力和抗风险能力。申请工程招标资格预审者，特别需要反映申请人近 3 年每年的营业额、固定资产、流动资产、长期负债、流动负债、净资产等。必要时，应由开户银行出具金融信誉等级证书或银行资信证明。

（6）近年完成的类似项目情况。申请人应提供近年已经完成与招标项目性质、类型、规模标准类似的工程名称、地址，招标人名称、地址及联系电话，合同价格，申请人的职责定位、承担的工作内容、完成日期，实现的技术、经济和管理目标和使用状况，项目经理、技术负责人等。

（7）拟投入技术和管理人员状况。申请人拟投入招标项目的主要技术和管理人员的身份、资格、能力，包括岗位任职、工作经历、职业资格、技术或行政职务、职称、完成的主要类似项目业绩等证明材料。

（8）未完成和新承接项目情况。填报信息内容与“近年完成的类似项目情况”的要求相同。

（9）近年发生的诉讼及仲裁。仲裁申请人应提供近年来在合同履行中，因争议或纠纷引起诉讼、仲裁情况，以及有无违法违规行为而被处罚的相关情况，包括法院或仲裁机构作出的判决、裁决、行政处罚决定等法律文书复印件。

（10）其他材料。申请人提交的其他材料包括两部分：一是资格预审文件的须知、评审办法等有要求，但申请文件格式中没有表述的内容，如 ISO9001、ISO14000 和

OHSAS18000 等质量管理体系、环境管理体系、职业安全健康管理体系认证证书，企业、工程、产品的获奖、荣誉证书等；二是资格预审文件中没有要求提供，但申请人认为对自己通过预审比较重要的资料。

在准备和提交资格预审资料时应注意下列事项：

（1）应在平时做好资格预审通用资料的积累工作。

（4）按时提交资格预审资料，并做好提交资格预审表后的跟踪工作。通过跟踪，及时发现问题，及时补充资料。

（2）认真填好资格预审表的重点部位。例如施工招标，招标单位在资格审查中考虑的重点一般是投标单位的施工经验、施工水平和施工组织能力等方面，投标单位应通过认真阅读资格预审须知，领会招标单位的意图，认真填好资格预审表。

（3）通过决策确定投标项目后，应立即动手做资格预审的申请准备，以便在资料准备中能及时发现问题并尽早解决。如果有本公司不能解决的问题，也有时间考虑联合投标等事宜。

（4）按时提交资格预审资料，并做好提交资格预审表后的跟踪工作。通过跟踪，及时发现问题，及时补充资料。

四、投标前的准备工作

（一）研究招标文件

招标文件规定的承包人的职责和权利，必须高度重视，认真研读。招标文件内容虽然很多，但总的不外乎商务条款、标的工程内容条款和技术要求条款。下面就各个方面应注意的问题予以阐述。

1. 合同条件

（1）要核准下列日期：投标截止日期和时间、投标有效期、由合同签订到开工允许时间、总工期和分阶段验收的工期、工程保修期等。

（2）关于物价调整条款：应搞清有无对于材料、设备和工资的价格调整规定，其限制条件和调整公式如何。

（3）关于误期赔偿费的金额和最高限额的规定，提前竣工奖励的有关规定。

（4）关于付款条件：应清楚是否有动员预付款，以及其金额和扣还时间与办法，永久设备和材料预付款的支付规定，进行付款的方法，自签发支付证书至付款的时间，拖期付款是否支付利息，扣留保留金的比例、最高限额和退还条件。

（5）关于保函或担保的有关规定，保函或担保的种类，保函额或担保额的要求，有效期等。

（6）关于不可抗力造成损害的补偿办法与规定，中途停工的处理办法与补救措施。

（7）关于工程保险和现场人员事故保险等的规定：如保险种类、最低保险金额、保期和免赔额等。

（8）关于争端解决的有关规定。

2．承包人责任范围和报价要求

（1）注意合同是属于单价合同、总价合同或成本加酬金合同，不同的合同类型，承包人的责任和风险不同。

（2）认真落实投标的报价范围，不应有含糊不清之处。例如，报价是否含有勘察设计补充工作，是否包括进场道路和临时水电设施，有无建筑物拆除及清理现场工作，是否包括监理工程师的办公室和办公、交通设施等。总之，应将工程量清单与投标人须知、合同条件、技术规范、图纸等共同认真核对，以保证在投标报价中不“错报”，不“漏报”。

（3）认真核算工程量。核算工程量，不仅为了便于计算投标价格，而且是今后在实施工程中核对每项工程量的依据，同时也是安排施工进度计划、选定方案的重要依据。投标人应结合招标图纸，认真仔细地核对工程量清单中的各个分项，特别是工程量大的细目，更应让这些细目中的工程量与实际工程中的施工部位能“对号入座”，数量平衡。

当发现工程量清单中的工程量与实际工程量有较大差异时，应向招标人提出质疑。

3．技术规范和图纸

（1）工程技术规范。按工程类型描述工程技术和工艺的内容和特点，对设备、材料、施工和安装方法等规定的技术要求，对工程质量（包括材料和设备）进行检验、试验和验收所规定的方法和要求。在核对工程量清单的过程中，应注意对每项工作的技术要求及采用的规范。因为采用的规范不同，其施工方法和控制指标将不一致，有时可能对施工方法、采用的机具设备和工时定额有很大影响，忽略这一点不仅对投标人的报价带来计算偏差，而且还会给未来的施工工作造成困难。

（2）注意技术规范中有无特殊施工技术要求，有无特殊材料和设备的技术要求，有无允许选择代用材料和设备的规定。若有，则要分析与常规方法的区别，以及合理估算可能引起的额外费用。

（3）图纸分析。分析图时要注意平、立、剖面图之间尺寸、位置的一致性，结构图与设备安装图之间的一致性，当发现矛盾之处时应及时提请招标人予以澄清并修正。

（二）工程项目所在地的调查

1．施工条件调查

（1）工程现场的用地范围、地形、地貌、地物、标高，地上或地下障碍物，现场是否可能按时达到开工要求。

（2）工程现场临近建筑物与招标工程的间距、结构形式、基础埋深、新旧程度、高度。

（3）工程现场施工临时设施、大型施工机具、材料堆放场地安排的可能性，是否需要二次搬运。

（4）工程现场周围的道路、进出场条件（材料运输、大型施工机具），有无特殊交通限制（如单向行驶、夜间行驶、转变方向限制、货载重量、高度、长度限制等规定）。

（5）市政给水及污水、雨水排放线路位置、标高、管径、压力、废水、污水处理方式，市政消防供水管道管径、压力、位置等。

（6）当地供电方式、方位、距离、电压等。

（7）当地煤气供应能力，管线位置、标高等。

（8）工程现场通讯线路的连接和铺设。

（9）当地政府有关部门对施工现场管理的一般要求、特殊要求及规定，是否允许节假日和夜间施工等。

2．自然条件调查

（1）气象资料。气象资料包括年平均气温、年最高气温和年最低气温，风向图、最大风速和风压值，日照，年平均降雨（雪）量和最大降雨（雪）量，年平均湿度、最高和最低湿度，其中尤其要分析全年不能和不宜施工的天数（如气温超过或低于某一温度持续的天数，雨量和风力大于某一数值的天数，台风频发季节及天数等）。

（2）水文资料。水文资料包括地下水位、潮汐、风浪等。

（3）地质情况。地质情况包括地质构造及特征，承载能力，地基是否有大孔土、膨胀土，冬季冻土层厚度等。

（4）地震、洪水及其他灾害情况等。

3．其他条件调查

（1）建筑构件和半成品的制作和供应条件，商品混凝土的供应能力和价格。

（2）工程现场附近的生产厂家、商店、各种公司和居民的一般情况，工程施工可能对他们所造成的影响程度。

（3）是否可以在工程现场或附近搭建食堂、自己供应施工人员伙食，若不可能，通过什么方式解决施工人员的餐饮问题，其费用如何。

（4）是否可以在工程现场安排工人住宿，对现场住宿条件有无特殊规定和要求。

（5）工程现场附近治安情况如何，是否需要采用特殊措施加强施工现场保卫。

（6）工程现场附近各种社会服务设施和条件，如当地的卫生、医疗、保健、通讯、公共交通、文化、娱乐设施情况及其技术水平、服务水平、费用，有无特殊的地方病、传染病等。

（三）市场状况调查

这里所说的市场状况调查，是指与本工程项目相关的承包市场和生产要素市场等方面的调查。

1．对招标方情况的调查

（1）本工程的资金来源、额度、落实情况。

（2）本工程各项审批手续是否齐全。

（3）招标人是第一次搞建设项目还是有较丰富的工程建设经验，在已建工程和在建工程招标、评标过程中的习惯做法，对承包人的态度和信誉，是否及时支付工程款、合理对待承包人的索赔要求。

（4）监理工程师的资历：承担过监理任务的主要工程，工作方式和习惯，对承包人的基本态度，当出现争端时能否站在公正的立场上，提出合理的解决方案等。

2．对竞争对手的调查

要了解有多少家公司获得本工程的资格，有多少家公司购买了招标文件，有多少家公司参加了标前会议和现场勘察，从而分析可能参与投标的公司。了解可能参与投标竞争的公司的有关情况，包括技术特长、管理水平、经营状况等。

3．生产要素的市场调查

承包人为实施工程购买所需工程材料，购置施工机械、零配件、工具和油料等，而它们的市场价格和支付条件是变化的，会对工程成本产生一定的影响。投标时，要使报价合理并具有竞争力，就应对所购工程物资的品质、价格等进行认真调查，即做好询价工作。不仅要了解当时的价格，还要了解过去的变化情况，预测未来施工期间可能发生的变化，以便在报价时加以考虑。此外，工程物资询价还涉及到物资的种类、品质、支付方法、运输方式、供货计划等问题，也必须了解清楚。如果工程施工需要雇佣当地劳务，则应了解可能雇到的工人的工种、数量、素质、基本工资和各种补助费及有关社会福利、社会保险等方面的规定。

（四）参加标前会议和勘察现场

1．标前会议

标前会议也称投标预备会，是招标人给所有投标人提供的一次答疑的机会，有利于加深对招标文件的理解，凡是想参加投标并希望获利成功的投标人，都应认真准备和积极参加标前会议。

在标前会议之前应事先深入研究招标文件，并将发现的各类问题整理成书面文件，寄给招标人要求给予书面答复，或在标前会议上予以解释和澄清。参加标前会议应注意以下几点：

（1）对工程内容范围不清的问题，应提请解释、说明，但不要提出修改设计方案的要求。

（2）对含糊不清、容易产生理解上歧义的合同条款，可以请求给予澄清、解释，但不要提出改变合同条件的要求。

（3）如招标文件中的图纸、技术规范存在相互矛盾之处，可请求说明以何者为准，但不要轻易提出修改技术要求。

（4）招标人在标前会议上对所有问题的答复均应发出书面文件，并作为招标文件的组成部分，投标人不能仅凭口头答复来编制自己的投标文件。

（5）注意提问技巧，注意不使竞争对手从自己的提问中获悉本公司的投标设想和施工方案。

2．现场勘察

一般是标前会议的一部分，招标人会组织所有投标人进行现场参加和说明。投标人应准备好现场勘察提纲并积极参加。派往参加现场勘察的人员事先应认真研究招标文件的内容，特别是图纸和技术文件。应派经验丰富的工程技术人员参加。

现场勘察中，除与施工条件和生活条件相关的一般性调查外，应根据工程专业特点有重点地结合专业要求进行勘察。

第二节　投标文件的编制

一、投标文件

投标人应当按照招标文件的要求编制投标文件。投标文件应当对招标文件提出的实质性要求和条件做出响应。

（一）投标文件的构成

投标文件应当对招标文件提出的实质性要求和条件做出响应，不满足任何一项实质性要求的投标文件将被拒绝。实质性要求和条件是指招标文件中有关招标项目的价格、项目的计划、技术规范、合同的主要条款等。

投标文件是衡量一个施工企业的资历、质量和技术水平、管理水平的综合文件，也是审标和决标的主要依据。承包商做出投标决策之后，就应着手按照招标文件的要求编制标书，对招标文件提出的实质性要求和条件做出响应。标书一般应包括下列内容：

（1）投标函。

（2）投标函附录。

（3）投标保证金。

（4）法定代表人资格证明书。

（5）法定代表人授权委托书。

（6）具有标价的工程量清单与报价表。

（7）辅助资料表。

（8）资格审查表。

（9）对招标文件中的合同协议内容、协议条款的确认和响应。

（10）项目管理规划。

（11）招标文件要求提交的其他内容。

（二）投标文件编制的要点

投标文件编制的要点主要有以下几个：

（1）投标人编制投标文件时必须使用招标文件提供的投标文件表格格式，但表格可以按同样格式扩展。投标保证金、履约保证金的方式，按招标文件有关条款的规定可以选择。投标人根据招标文件的要求和条件填写投标文件的空格时，凡要求填写的空格都必须填写，不得空着不填，否则，即被视为放弃意见。实质性的项目或数字如工期、质量等级、价格等未填写的，将被作为无效或作废的投标文件处理。将投标文件按规定的日期送交招标人，等待开标、决标。

（2）应当编制的投标文件“正本”仅一份，“副本”则按招标文件前附表所述的份数提供，同时要明确标明“投标文件正本”和“投标文件副本”字样。投标文件正本和副本如有不一致之处，以正本为准。

（3）投标文件正本与副本均应使用不能擦去的墨水打印或书写，各种投标文件的填写都要字迹清晰、端正，补充设计图纸要整洁、美观。

（4）所有投标文件必须由投标人的法定代表人签署、加盖印鉴，并加盖法人单位公章。

（5）填报投标文件应反复校核，保证分项和汇总计算均无错误。全套投标文件均应无涂改和行间插字，除非这些删改是根据招标人的要求进行的，或者是投标人造成的必须修改的错误。修改处应由投标文件签字人签字证明并加盖印鉴。

（6）如招标文件所规定投标保证金为合同总价的某百分比时，开投标保函不要太早，以防泄漏己方报价。但有的投标商提前开出并故意加大保函金额，以麻痹竞争对手的情况也是存在的。

（7）投标人应将投标文件的正本和每份副本分别密封在内层包封，再密封在一个外层包封中，并在内包封上正确标明“投标文件正本”和“投标文件副本”。内层和外层包封都应写明招标人名称和地址、合同名称、工程名称、招标编号，在注明的开标时间前不得开封。在内层包封上还应写明投标人的名称与地址、邮政编码，以便投标出现逾期送达时能原封退回。如果内外层包封没有按上述规定密封并加写标志，招标人将不承担投标文件错放或提前开封的责任，由此造成的提前开封的投标文件将被拒绝，并退还给投标人。投标文件递交至招标文件前附表所述的单位和地址。

二、技术标的编制

在计算标价之前，首先应编制施工组织设计。招标文件中要求投标人在报价的同时要附上其施工组织设计。施工组织设计内容一般包括工程进度计划和施工方案等，招标人将根据这些资料评价投标人是否采取了充分和合理的措施，保证按期完成工程施工任务。另外，施工组织设计对投标人自己也十分重要，因为进度安排是否合理，施工方案选择是否恰当，与工程成本和报价有密切关系。制定施工组织设计的依据是设计图纸、规范、经过复核的工程量清单、现场施工条件、开工、竣工的日期要求、机械设备来源、劳动力来源等。

编制一个好的施工组织设计可以大大降低标价，提高竞争力。编制的原则是在保证工期和工程质量的前提下，尽可能使工程成本最低，投标价格合理。

（一）工程进度计划

在投标阶段编制的工程进度计划不是工程施工计划，可以粗略一些，一般用横道图表示即可，除招标文件专门规定必须用网络图外，不一定采用网络计划，但应考虑和满足以下要求：

（1）总工期符合招标文件的要求。如果合同要求分期、分批竣工交付使用，应标明分期、分批交付使用的时间和数量。

（2）有利于基本上均衡地安排劳动力，尽可能避免现场劳动力数量急剧起落，这样可以提高工效和节省临时设施。

（3）表示各项主要工程的开始和结束时间。例如，房屋建筑中的土方工程、基础工程、混凝土结构工程、屋面工程、装修工程、水电安装工程等的开始和结束时间。

（4）体现主要工序相互衔接的合理安排。

（5）便于编制资金流动计划，有利于降低流动资金占用量，节省资金利息。

（6）有利于充分有效地利用施工机械设备，减少机械设备占用周期。

（二）施工方案制定

施工方案要从工期要求、技术可行性、保证质量、降低成本等方面综合考虑，其内容应包括以下几个方面：

（1）根据分类汇总的工程数量和工程进度计划中该类工程的施工周期，以及招标文件的技术要求，选择和确定各项工程的主要施工方法和适用、经济的施工方案。

（2）根据上述各类工程的施工方法，选择相应的机具设备，并计算所需数量和使用周期，研究确定是采购新设备、调进现有设备，或在当地租赁设备。

（3）研究决定哪些工程由自己组织施工，哪些分包，提出分包的条件设想，以便询价。

（4）用概略指标估算主要的和大宗的建筑材料的需用量，考虑其来源和分批进场的时间安排，从而可估算现场用于存储、加工的临时设施。如果有些建筑材料，如砂、石等拟就地自行开采，则应估计采砂、石场的设备、人员，并计算自采砂、石的单位成本价格。

（5）用概略指标估算直接生产劳务数量，考虑其来源及进场时间安排。可从所需直接生产劳务的数量，结合以往经验估算所需间接劳务和管理人员的数量，并可估算生活临时设施的数量和标准等。

如有些构件拟在现场自制，应确定相应的设备、人员和场地面积，并计算自制构件的成本价格。

（1）根据现场设备、高峰人数和一切生产和生活方面的需要，估算现场用水、用电量，确定临时供电和供、排水设施。

（2）考虑其他临时工程的需要和建设方案。例如，进场道路、停车场地等。

（3）考虑外部和内部材料供应的运输方式，估计运输和交通车辆的需要和来源。

（4）提出某些特殊条件下保证正常施工的措施。例如，降低地下水位以保证基础或地下工程施工的措施，冬季、雨季施工措施等。

（5）其他的临时设施的安排。例如，临时围墙或围篱、警卫设施、夜间照明、现场临时通讯设施等。

如果招标文件规定承包人应当提供建设单位现场代表和驻现场监理工程师的办公室、车辆、测试仪器、办公家具、设备和服务设施时，可以根据招标文件的具体要求，将其作为一个相对独立的子项工程报价。如果招标文件对此并无特殊规定，则可将其包括在承包人的临时工程费用中，一并在工程量清单的项目中摊销。施工方案中的各种数字都是按汇总工程量和概略定额指标估算的，在计算标价过程中，需要按后续计算得出的详细数字予以修正和补充。

三、工程量清单

（一）工程量清单报价计价方法

工程量清单是依据国家或行业有关工程量清单的“价格规范”标准和招标文件中有约束力的设计图纸、技术标准、合同条款中约定的工程计量和计价规则计算编制的，反映拟建工程分部分项工程建设项目、措施项目、其他项目、规费项目和税金项目的名称、规格及相应数量的明细清单。工程量清单应该按照国家和行业统一的工程建设项目划分标准、项目名称、项目编码、工程量计算规则、计量单位及其格式要求计算、编制列表。

工程量清单是工程计价的基础，应作为编制招标控制价、投标报价、计算工程量、支付工程款、核定与调整合同价款、办理竣工结算以及工程索赔等的依据之一。

通常，工程量清单计价主要有以下几个特点：

（1）工程量清单计价是企业自主定价。工程价格反映的是企业个别成本价格，施工企业完全可以依据自身生产经营成本，结合市场供求竞争状况的计算核定工程价格。传统的施工图预算计价是在计划经济基础上的政府定价方式，工程价格反映的是工程定额编制期的社会平均成本价格，其中利润是政府规定的计划利润，没有充分体现企业自身竞争能力和自主定价，也不能及时反映市场动态变化。工程量清单计价有利于真正反映和促进企业的有序竞争，有利于促进工程新技术、新工艺、新材料的应用。

（2）工程量清单计价采用综合单价。综合单价是一个全费用单价，包含工程直接费用、工程与企业管理费、利润、约定范围的风险等因素，企业完全可以自主定价，也可以参考各类工程定额调整组价。能够直观和全面反映企业完成分部、分项及单位工程的实际价格，且便于承发包双方测算核定与变更工程合同价格，计量支付与计算工程款，尤其适合于固定单价合同。

传统的施工图预算计价一般采用国家颁布的工程定额组成工料单价，管理费和利润另计，既不能直观和全面反映企业完成分部、分项和单位工程的实际价格，也没有考虑风险因素，工程合同价格计算核定、调整又比较复杂，难以界定合理性，容易引起各方理解争议。

（3）量价分离原则。采用工程量清单招标，招标人对工程内容及其计算的工程量负责，承担工程量的风险；投标人根据自身实力和市场竞争状况，自行确定要素价格、企业管理费和利润，承担工程价格约定范围的风险。采用传统的施工图预算招标由投标人自行计算工程量，投标总价的高低偏差既可能是分项工程单价差异，也可能包括了工程量的计算偏差，不能真正体现投标人的竞争实力。采用工程量清单方式招标，招标人事先统一约定了工程量，工程量清单的准确性和完整性都由招标人负责，从而统一了投标报价的基础，投标人可以避免因工程数量计算错误造成的不必要风险，从而真正凭自身实力报价竞争。

（4） 结合企业施工技术、工艺和标准。传统的施工图预算招标的技术标和商务标是分别依据企业、政府的不同标准分离编制的，相互不能支持与匹配，不能全面正确反映和评价投标人的技术和经济的综合能力。工程量清单招标的工程实体项目和措施项目单价组成完全能够与技术标紧密结合，相互支持、配合，既能从技术和商务两方面反映和衡量投标方案的可行性、可靠性和合理性，又能反映投标人的综合竞争能力。

（二）工程量清单计价规范

工程量清单计价规范是计算、编制工程量清单和工程价格的国家、行业统一标准，或招标项目的专用标准。目前，《建设工程工程量清单计价规范》（GB 50500—2013）已颁发执行，但仍有一些行业的工程量清单计价规范尚未颁发统一标准。因此，现行招标项目专用的工程量清单计价规范的内容和格式有所区别，有的招标项目将其编排在招标文件的技术标准和要求内；有的招标项目将其与招标文件的工程量清单编排在一起。工程量清单计价规范的基本内容包括以下几个方面：

（1）工程量清单项目的内容组成、格式要求、编制依据、计价规则要求等总体规定或说明。

（2）工程建设有关的规费项目、税金项目以及暂列金额、暂估价、计日工、总承包服务费等其他项目计价方法规定。

（3)分部分项工程建设项目工程量清单以及施工措施项目清单的项目名称、项目特征、计量单位、工程内容、工程量计算规则、项目价格和费用计算规则、合同价款核定与支付规则等。

（三）招标工程量清单的内容和格式

工程量清单由总说明和清单计价表格组成。

1．工程量清单总说明

编制工程量清单总说明的目的为说明工程量清单的主要内容、编制要求、应了解的项目特殊信息等，相当于工程量清单计价规范的概括和补充说明。工程量清单总说明与项目特点及所属行业有密切联系，内容一般包括工程概况，如建设地址、建设规模、工程特征、交通状况、环保要求等；工程内容范围；工程量清单编制采用的技术标准、施工图纸等文件依据；专业工程估价、材料设备供应与定价等特别要求；投标计价的规定要求；其他需要说明的事项。

2．工程量清单计价表格

工程量清单计价表格的形式因工程所属行业的不同而存在区别，各行业的工程量清单及其计价表格有所区别，但大同小异。参照《建设工程工程量清单计价规范》（GB 50500

—2013），清单计价表格主要包括以下内容：

（1）工程量清单汇总表。工程量清单投标报价汇总表是工程量清单报价的分类、分级汇总表，通过对工程量清单计价的分类逐级汇总，得出投标总价。例如，招标项目投标报价汇总表下面应分别提供单项工程投标报价汇总表及单位工程投标报价汇总表。

（2）措施项目清单。措施项目是指为工程建设项目施工需要的技术、生活、安全、环境保护等方面必须采取的各项技术管理措施，包括临时设施、临时工程等非实体项目。措施项目清单的内容组成取决于工程专业类型及施工组织设计，通常包括施工设施、安全文明施工、环境保护、夜间施工、二次搬运、冬雨季施工、大型机械设备进出场及安拆、施工排水、降水、已完工程及设备保护措施等。投标人可以根据施工组织设计要求调整补充措施项目。

（3）分部分项工程量清单。分部分项工程建设项目是指构成工程实体的项目，是工程量清单的主要内容，包括项目名称、项目特征、计量单位、工程量等都应在分部分项工程量清单中列出，应该根据本行业和招标项目的工程技术类型特点和施工条件，按照分部或分项工程划分并详细列出工程建设项目和工程内容，以满足全部工程建设项目的计量、计价和支付。

（4）其他项目清单。其他项目清单一般包括以下四项内容：

① 暂列金额。指招标人在工程量清单中提供并计算在合同价款中的暂定金额，由招标人控制核定与支付，用于签约时尚未确定或者不可预见的工程施工中发生的合同范围外的工程变更及其材料、设备、服务调整采购、合同约定的工程价格调整以及可能发生的合同索赔金额等情况。

② 暂估价。指招标人在工程量清单中提供的用于支付必然发生但暂时不能确定价格的材料以及专业工程的金额。一般包括材料费暂估价、专业工程综合暂估价（包括工程直接费、管理费与利润）。

③ 计日工。计日工是指为工程施工现场发生合同约定外的零星工作，且工程量清单中没有相应计价项目而采取的计价方法。按实际发生的人工工时、材料数量、施工机械台班机合同中相应的计日工子目单价计价付款。

④ 总承包服务费。总承包服务费是招标人为了在法律、法规允许的条件下进行专业工程发包以及自行采购供应材料、设备，要求总承包人对发包的专业工程提供协调和配合服务，对供应的材料、设备提供收、发和保管服务以及对施工现场进行统一管理，对竣工资料进行统一汇总整理等发生并向总承包人支付的费用。发包人应按投标报价向总承包人支付该项费用。

（5）工程量清单综合单价分析表。综合单价分析表是工程量清单子目单价组成的一个分解表，主要用于分析清单项目综合单价的合理性，或作为合同履行中计算变更单价、确定新增子目单价的依据。单价分析表中的子目编号、子目名称、工作内容、综合单价等应与工程量清单对应的子目保持一致。

（6）规费项目清单。规费项目是指根据有关工程造价管理规定或省级以上政府职能部门规定必须缴纳，并应计入建筑安装工程造价的费用。

规费项目清单一般包括工程排污费、工程定额测定费、社会保障费（包括养老保险费、失业保险费、医疗保险费、住房公积金、危险作业意外伤害保险费）等。

（7）税金项目清单。税金项目清单一般包括营业税、城市维护建设税、教育费附加等。

综合单价一般由成本、利润和税金组成。成本又分直接成本和间接成本，直接成本是指施工过程中耗用的构成工程实体和有助于工程形成的各种费用，包括人工费、材料费和施工机械使用费；间接成本是指施工企业为施工准备、组织施工生产和经营管理发生的工程现场和企业的管理费、国家规定缴纳的费用和其他费用；利润是指施工企业投入成本之外获得的收益；税金是指国家规定应计入工程造价内的营业税、城市维护建设税及教育费附加等。

（四）工程量清单应注意的事项

工程量清单是投标报价的统一平台和载体，是工程招标文件的主要内容之一。编制工程量清单是一项十分重要的专业工作，需具有工程造价执业资格的人员承担。编制工程量清单应注意以下事项：

（1）工程量清单内容格式规范统一。招标项目的工程量清单项目名称、项目特征、计量单位、工程内容、工程量计算规则、项目价格和费用计算规则、合同价款核定与支付规则以及格式应以国家或行业的计价规范保持一致，以确保对工程量清单理解、执行中不产生歧义。

（2）投标报价的要求应条理清晰。除了工程量清单和设计图纸之外，招标文件涉及报价要求的内容贯穿于投标人须知、合同条款、技术标准和要求之中，有关的报价要求的内容应前后呼应、环环相扣，避免出现前后矛盾或脱节的情况。

（3）工程量清单信息要完整和正确。工程量清单的计价项目要完整齐备，并详细、准确地描述工程和工作内容，还应将实际存在的影响报价的确定和不确定因素描述清楚，使得投标人正确判断并确定报价。

（4）工程量清单数量要准确。工程施工招标的工程量清单是投标人编制施工组织设计、投标报价的主要依据，因此要求招标人的建设前期工作必须准备充分，必须保证图纸设计深度和质量，清单工程量应达到比较高的准确性，否则一旦实际工程量的变化超出合同约定的范围，可能引起施工方案和工程单价的变化以及承包人的索赔。而且投标人如发现工程量的差错并采用不平衡报价法，则可能给招标人造成损失。

四、密封投标文件

投标文件的正本与副本分开包装，加贴封条，并在封套的封口处加盖投标人单位章。投标文件的封套上应清楚地标记“正本”或“副本”字样，封套上应写明规定的其他内容；未按规定要求密封和加写标记的投标文件，招标人不予受理。

投标人修改其投标文件的，应书面通知招标人。书面通知应按照招标文件要求签字或盖章，修改的投标文件还应按照招标文件规定进行编制、密封、标记和递交，并标明“修改”字样。

（一）投标文件的投送

1．投标文件的送达

递送投标文件时必须按照以下要求送达：

（1）提交截止时间：投标文件必须在招标文件规定的投标截止时间之前送达。

（2）送达方式：直接送达。

（3）送达地点：送达地点必须严格按照招标文件规定的地址送达。

2．投标文件的签收

投标文件按照招标文件的规定时间送达后，招标人应签收保存。在开标前任何单位和个人不得开启投标文件。

3．投标文件的拒收

对于工程建设项目：①逾期送达的或者未送达指定地点的；②未按招标文件要求密封的，招标人可以拒绝受理。

（二）投标有效期

招标文件应当规定一个适当的投标有效期，以保证招标人有足够的时间完成评标和与中标人签订合同。投标有效期从招标文件规定的提交投标文件截止之日起计算。

1．投标有效期延长的要求

投标有效期延长的要求包括以下两点：

（1）招标人关于投标有效期的延长，应以书面形式通知投标人并获得投标人的书面同意。

（2）投标人不得修改投标文件的实质性内容。投标人在投标文件中的所有承诺不应随有效期的延长而发生改变。

2．投标有效期延长的后果

投标有效期延长的后果有以下几种：

（1）投标人有权拒绝延长投标有效期且不被扣留投标保证金。

（2）投标有效期的延长应伴随投标保证金有效期的延长。

（3）招标人应承担因投标有效期延长对投标人导致的相应损失。但因不可抗力需延长投标有效期的除外。

（三）投标保证金

1．投标保证金的提交

投标人在提交投标文件的同时，应按招标文件规定的金额、形式、时间向招标人提交投标保证金，并作为其投标文件的一部分。

（1）投标保证金是投标文件的必须要件，是招标文件的实质性要求，投标保证金不足、无效、迟交、有效期不足或者形式不符合招标文件要求等情形，均将构成实质性不响应而被拒绝或废标。

（2）投标保证金作为投标文件的有效组成部分，在投标文件提交截止时间之前送达；送达时间确定。

（3）对于工程货物招标项目，招标人可以在招标文件中要求投标人以自己的名义提交投标保证金。

（4）对于联合体形式投标的，可共同提交或一方提交。以联合体中一方提交投标保证金的，对联合体各方均具有约束力。

2．投标保证金的形式

投标保证金除现金外，银行保函、保兑支票、银行汇票或现金支票，也可是招标人认可的其他合法担保形式。

3．投标保证金的有效期

投标保证金的有效期限应覆盖或超出投标有效期。工程建设项目施工招标投标，投标保证金有效期应当超出投标有效期 30 天。

4．投标保证金的金额

投标保证金的金额通常有相对比例金额和固定金额两种方式。相对比例是取投标总价作为计算基数，投标保证金一般不得超过投标总价的 2%。

（四）投标文件的修改与撤回

修改是指投标人对投标文件中遗漏和不足的部分进行增补，对已有的内容进行修订。撤回是指投标人收回全部投标文件，或者放弃投标，或者以新的投标文件重新投标。修改或撤回的时间：在投标文件递交截止时间之前进行。

五、联合体投标

为便于投标和合同执行，联合体所有成员共同指定联合体一方作为联合体的牵头人或代表，并授权牵头人代表所有联合体成员负责投标和合同实施阶段的主办、协调工作。

通常，联合体具有以下几方面特征：

（1）组成联合体投标是联合体各方的自愿行为。

（2）联合体对外以一个投标人的身份共同投标，联合体中标的，联合体各方应当共同与招标人签订合同，就中标项目向招标人承担连带责任。

（3）联合体各方签订共同投标协议后，不得再以自己名义单独投标，也不得组成新的联合体或参加其他联合体在同一项目中投标。

（一）联合体的资格条件

联合体各方均应当具备承担招标项目的相应能力。国家有规定或者招标文件对投标人资格条件有规定的，联合体各方均应当具备规定的相应资格条件。

（二）联合体的变更

联合体参加资格预审并获通过的，联合体其组成的任何变化都必须在提交投标文件截止之日前征得招标人的同意。如变化后的联合体削弱了竞争，含有事先未经过资格预审或者资格预审不合格的法人或者其他组织，或者使联合体的资质降到资格预审文件中规定的最低标准以下，招标人有权拒绝。

（三）联合体协议

联合体各方应当签订共同投标协议，明确约定各方拟承担的工作和责任，并将共同投标协议连同投标文件一并提交招标人。

（四）联合体投标的要求

通常，联合体在投标过程中要履行以下要求：

（1）投标文件中必须附上联合体协议。联合体投标未在投标文件中附上联合体协议的，招标人可以不予受理。

（2）投标保证金的提交可以由联合体共同提交，也可以由联合体的牵头人提交。投标保证金对联合体所有成员均具有法律约束力。

（3）对联合体各方承担项目能力的评审以及资质的认定，要求联合体所有成员均应按照招标文件的相应要求提交各自的资格审查资料。

六、准备询标

资格审查资料可根据是否已经组织资格预审提出相应的要求。已经组织资格预审的资格审查资料分为两种情况：

（1）当评标办法对资格条件进行综合评价或者评分时，按招标文件要求提交资格审查资料。

（2）当评标办法对投标人资格条件不进行评价时，投标人资格预审阶段的资格审查资料没有变化的，可不再重复提交；资格预审阶段的资格资料有变化的，按新情况更新或补充。

未组织资格预审或约定要求递交资格审查资料的，一般包括如下内容：

① 投标人基本情况。

② 近年财务状况。

③ 信誉资料，如近年发生的诉讼及仲裁情况。

④ 近年完成的类似项目情况。

⑤ 正在施工和新承接的项目情况。

如果招标文件允许提交备选标或者备选方案，投标人除编制提交满足招标文件要求的投标方案外，另行编制提交的备选投标方案或者备先标。通过备选方案，可以充分调动投标人的竞争潜力，使项目的实施方案更具科学、合理和可操作性，并克服招标人在编制招标文件乃至在项目策划或者设计阶段的经验不足和考虑欠周。被选用的备选方案一般能够带来“双赢”的局面，既使招标人得益，也能够使投标人得益。根据《评标委员会和评标办法暂行规定》第三十八条以及《工程建设项目施工招标投标办法》第五十四条的规定，只有排名第一的中标候选人的备选投标方案方可予以考虑，即评标委员会才予以评审。

第三节 投标策略

投标策略是指承包商在投标竞争中的指导思想与系统工作部署及其参与投标竞争的方式和手段。投标策略作为投标取胜的方式、手段和艺术，贯穿于投标竞争的始终，内容十分丰富。在投标与否、投标项目的选择、投标报价等方面，无不包含投标策略。

一、投标策略的内容

通常，投标策略的主要内容包括以下几方面：

（1）以信取胜。这是依靠企业长期形成的良好社会信誉，技术和管理上的优势，优良的工程质量和服务措施，合理的价格和工期等因素争取中标。

（2）以快取胜。即通过采取有效措施缩短施工工期，并能保证进度计划的合理性和可行性，从而使招标工作早投产、早收益，以吸引业主。

（3）以廉取胜。以廉取胜的前提是保证施工质量，这对业主一般都具有较强的吸引力。从投标单位的角度出发，采取这一策略也可能有长远的考虑，即通过降价扩大任务来源，从而降低固定成本在各个工程上的摊销比例，既降低工程成本，又为降低新投标工程的承包价格创造了条件。

（4）采取以退为进的策略。当发现招标文件中有不明确之处并有可能据此索赔时，可报低价先争取中标，再寻求索赔机会。采用这种策略一般要在索赔事务方面具有相当成熟的经验。

（5）采用长远发展的策略。采用长远发展的策略的目的不在于在当前的招标工程中获利，而是着眼于发展，争取将来的优势。如为了开辟新市场、掌握某种有发展前途的工程施工技术等，宁可在当前招标工程上以微利甚至无利的价格参与竞争。

（6）靠改进设计取胜。通过仔细研究原设计图纸，若发现明显不合理之处，可提出改进设计的建议和能切实降低造价的措施。在这种情况下，一般仍然要按原设计报价，再按建议的方案报价。

二、投标报价的技巧

为保证投标策略的有效实施，在投标报价中还需运用一些报价技巧。报价技巧是指在投标报价中采用一定的手法或技巧使业主可以接受，而中标后又能获得更多的利润。其中比较常用的方法是不平衡报价法。不平衡报价法是指一个工程项目的投标报价，在总价基本确定后，如何调整内部各个项目的报价，以期既不提高总价，不影响中标，又能在结算时得到更理想的经济效益。常见的不平衡报价法如表 2-1 所示。

表 2-1　常见的不平衡报价法

序号	信息类型	变动趋势	不平衡结果
1	资金收入的时间	早	单价高
		晚	单价低
2	清单工程量不准确	需要增加	单价高
		需要减少	单价低
3	报价图纸不明确	可能增加工程量	单价高
		可能减少工程量	单价低
4	暂定工程	自己承包的可能性高	单价高

		自己承包的可能性低	单价低
5	单价和包干混合制项目	固定包干价格项目	单价高
		单价项目	单价低
6	单组成分析表	人工费和机械费	单价高
		材料费	单价低
7	议标时招标人要求压低单价	工程量大的项目	单价小幅度降低
		工程量小的项目	单价较大幅度降低
8	工程量不明确报单价的项目	没有工程量	单价高
		有假定的工程量	单价适中

（1）多方案报价法。对于一些招标文件，如果发现工程范围不很明确，条款不清楚或很不公正，或技术规范要求过于苛刻时，则要在充分估计投标风险的基础上，按多方案报价法处理。即按原招标文件报一个价，然后再提出，如某某条款作某些变动，报价可降低多少，由此可报出一个较低的价。这样可以降低总价，吸引招标人。

（2）计日工单价的报价。如果是单纯报计日工单价，而且不计入总价中，可以报高些，以便在招标人额外用工或使用施工机械时可多盈利。但如果计日工单价要计人总报价时，则需具体分析是否报高价，以免抬高总报价。总之要分析招标人在开工后可能使用的计日工数量，再来确定报价方针。

（3）无利润报价。无利润报价的采用条件：对于分期建设的项目，先以低价获得首期工程，而后赢得机会创造第二期工程中的竞争优势，并在以后的实施中盈利；某些施工企业其投标的目的不在于从当前的工程上获利，而是着眼于长远的发展；较长时期内，投标人没有在建的工程项目，如果再不得标，就难以维持生存。因此，虽然本工程无利可图，只要能有一定的管理费维持公司的日常运转，就可设法渡过暂时的困难，再图发展。

第四节　国际投标

国际投标是一种国际上普遍运用的、有组织的市场交易行为，是国际贸易中一种商品、技术和劳务的买卖方。

一、国际工程投标工作程序

国际工程包括我国去国外投资的工程，我国的咨询和施工单位去国外参与咨询、监理和承包的工程以及由外国参与投资、咨询、投标、承包（包括分包）、监理的我国国内的工程。其中，招标是业主就拟建工程准备招标文件，发布招标广告或信函以吸引或邀请承包商来购买招标文件，进而投标的过程。

投标有时也叫报价即承包商作为卖方，根据业主的招标条件，以报价的形式争取拿到承包项目。一般来说，承包商在投标时要做好以下工作。

（一）资格预审

对于大型或复杂的工程，或准备详细投标文件的高成本可能会妨碍竞争的情况下，诸如为用户专门设计的设备、工业成套设备、专业化服务、某些复杂的信息和技术以及交钥匙合同、设计和建造合同或管理承包合同等，资格预审通常是必要的。这还保证了招标邀请只发给那些有足够能力和资源的投标人。

资格预审应完全以潜在投标人具有令人满意地履行具体合同所需要的能力和资源为基础，应考虑：①经验和过去履行类似合同的情况；②人员、设备、施工或制造设施方面的能力；③财务状况。

如果未对投标人进行资格预审，招标人应确定提供最低评标价投标的投标人是否有能力和资源按其投标所报条件有效地履行合同，可进行类似的审查。

（二）招标文件

招标文件应向投标人提供他们在准备有关货物和工程投标文件时所必需的所有信息，通常包括：投标邀请、投标人须知、投标书格式、合同格式、合同条款，包括通用条款和专用条款、技术规格和图纸、有关的技术参数（包括地质和环境资料）、货物清单和工程量清单、交货时间和完工时间表、必要的附件，如各种保证金的格式。评标和选择最低评标价投标的基础应该在投标人须知或技术规格中明确说明。

（三）投标保证金和履约保证金

投标保证金应当按照招标文件中规定的金额和格式提交，投标保证金应在投标有效期期满后 4 周内保持有效。履约保证金额应足以抵偿借款人在承包商违约情况下所遭受的损失（根据所提供的保证金的类型和工程性质和规模而有所不同），该保证金的一部分应延期至工程竣工日之后，以覆盖截至借款人最终验收的缺陷责任期或维修期；另一种做法是，在合同中规定的每次定期付款中扣留一定百分比作为保留金，直到最终验收为止，可允许承包商在临时验收后用等额保证金来代替保留金。

（四）开标、评标、定标

开标应公开进行，在规定时间之后收到的投标书以及没有在开标时拆封并宣读的投标，均不给予考虑。

评标以及对投标的比较应当以国外进口货物的运费及保险费付至目的地价（CIP）和

借款国国内制造货物的出厂价（EXW）加上运至目的地的内陆运费和保险费为基础，并考虑任何所需的安装、培训、调试和其他类似服务的价格。

合同应授予最低评标价的投标，而不一定是报价最低的投标。即除价格因素外，招标文件还应明确评标中需考虑的其他有关因素，并在实际可能的范围内尽可能货币化，或在招标文件的评标条款中给出相应的权重。任何因投标超过或低于某一事先确定的投标估值即被自动淘汰的程序都不能接受的。

（五）国内优惠条件

世界银行对土建工程项目的国内优惠从 1974 年开始，按规定人均国民生产总值在 370 美元以下的成员国在招标项目中，可享受 7.5%的优惠待遇，目的是鼓励、扶持发展中国家国内承包业的发展。国内投标人应满足以下标准的条件：

（1）单个公司：①在借款国注册；②借款国的国民拥有 50%以上的所有权；③不将不含暂定金的合同价的 10%分包给外国承包商。

（2）国内联营体：①单个成员公司满足条件（1）的①、②要求；②联营体在借款国注册；③联营体不将不含暂定金的合同价的 10%分包给外国承包商。

二、国际工程投标注意事项

（一）咨询单位和代理人的选择

咨询单位是拥有经济、技术、法律和管理等各方面的专家，经常搜集、积累各种资料、信息，故投标时能选择一个理想的咨询机构，其中标概率大为提高。

雇用代理人，即在工程所在地区找一个能代表投标人的利益开展某些工作的人，其职责一般有：①向雇主（即投标人）传递招标信息，协助投标人通过资格预审；②传递招、投标人之间的信息；③提供法律咨询、当地物资、劳力、市场行情以及商业活动经验；④如果中标，协助承包商办理入境签证、居留者、劳工证和物资进出口许可证等多种手续，协助承包商租用土地、房屋、建立电话、电传和邮政信箱。故代理人一般均由当地人充当，且该代理人在当地，特别是在工商界有一定的社会活动能力，有较好的声誉。在某些国家（如沙特、科威特等）规定，外国承包企业必须有代理人作为自己的帮手和耳目。

（二）合作伙伴的选择

有些国家要求外国承包商在本地投标时，要尽量或必须与本地承包商合作，另外因为工程规模大、技术复杂等原因也要求承包商选择合作伙伴，通常有总-分包和联营体两种方式。

（1）分包商。主要包括投标前选择分包商和投标后选择分包商两个。①投标前选择分包商通常有两种情形：一是确定总-分包关系，其分包工程估计为分包工程合同价加总包管理费、其他服务费和利润。二是不确定关系，只要求分包商对其报价有效期作出承诺；②投标后选择分包商（尽量避免），虽然总包可以将某些单价偏低或可能亏损等风险性高的分部工程分包出去降低风险，但是在短期内找到资信条件好、报价又低的分包商比较困难，相反，某些承包商可能趁机抬高报价。

（2）联营体。为在激烈的竞争中获胜，一些公司往往相互组成临时性的或长期的联合组织，以发挥各自的特长，增强竞争能力。可以增大融资能力、分散风险、弥补技术力量的不足、报价互查等，但协作不好则会影响项目的实施。通常也有两类：①分担施工型：各自分担一部分作业并按各自责任实施项目；②联合施工型：不分担作业，一同制定参加项目的内容及分担权利、义务、利润和损失。

（三）暂定金额

暂定金额是包括在合同工程量清单内，以此名义标明用于工程施工，或供应货物与材料，或提供服务，或应对意外情况的暂定数量的一笔金额，也称特定金额或备用金，将按业主或工程师的指示与决定，或全部使用、或部分使用，或全部不使用。暂定金额还应包括不可预见费用。

（四）我国对外投标报价具体做法简介

（1）工料、台班消耗量的确定。可用国内任一省市、地区的预算定额、劳动定额和材料消耗定额等作为主参考资料，并根据国外情况调整，一般可调 10%～30%。

（2）材料费。所有材料须实际调查，综合确定其费用。材料来源有：国内调拨材料、我国外贸材料、当地采购材料、第三国采购材料等。

（3）管理费的确定。按实测算，在中东，大约是15%，大于西方发达国家。

（4）机械费的确定。重置成本：1 年 40%；2 年 70%；3 年 90%；4 年 100%。

（5）利润的确定.国家对外承包工程的“八字方针”（守约、保质、薄利、重义）的精神，应采取低价政策，一般毛利可定在5%~10%，太高对投标报价也不利。

（6）工资的确定。分出国工人工资，当地雇佣工人工资。

【实训】建设工程施工投标文件的编制

一、实训目的

通过专项训练，使学生熟悉工程施工投标文件编制内容及要求，投标文件编写步骤。具备编写施工方案的能力，能编写投标文件中施工组织设计、施工部署及绘制施工进度计划能力，编制投标报价的能力，为学生今后在施工企业从事投标相关工作奠定基础。

二、实训方式

学生在教师指导下分组进行简单工程施工投标文件的编写。具体步骤如下：

（1）准备工作：①招标文件；②施工图；③教师提供建筑工程施工背景材料。

（2）学生根据背景材料，参照《行业标准施工招标文件》格式，先制定编写计划，由教师审核。

（3）按照计划进度学生独立编写施工投标文件。

三、实训内容和要求

（1）制定编写计划。

（2）认真完成学习日记。

（3）完成实训总结。

（4）独立编写施工投标文件。

【引例分析】

【答 1】恰当。因为该承包商是将属于前期工程的基础工程和主体结构工程的报价调高，而将属于后期工程的装饰和安装工程的报价调低，可以在施工的早期阶段收到较多的工程款，从而可以提高承包商所得工程款的现值，减少工程后期资金回收风险。

【答 2】该承包商运用的另一种投标技巧是多方案报价法，该报价技巧运用恰当，因为承包商的报价既适用于原付款条件也适用于建议的付款条件。

【投标文件模版】

一、投标函

致：××市××房地产开发有限公司（招标人名称）

（1）根据已收到的贵方招标编号为______由建设工程信息网发布的________土建工程施工的招标文件，遵照《中华人民共和国招标投标法》及相关配套法规，我方经考察现场和研究上述招标文件的投标须知、合同条款、技术规范、图纸及其他有关文件后，我方愿以人民币（大写）__________元（￥__________元）的投标总价，并按上述图纸、合同条款、技术规范条件要求承包上述工程的施工、竣工并修补其任何缺陷（保修）。

（2）我方已详细审核全部招标文件，包括修改文件（如有时）及有关附件。

（3）一旦我方中标，我方保证在合同协议书中规定的开工日期开始施工，并在合同协议书中规定的预计竣工日期完成和交付全部工程，共计____天（日历日）内竣工并移交全部工程。

（4）如果我方中标，我方承诺工程质量达到合格标准。

（5）如果我方中标，我方将按照规定提交上述总价 10 %的履约担保。

（6）如果我方中标，我方将派投标文件中所指定的项目经理及项目管理班子成员进行工程建设，若我方中途更换项目经理及项目管理班子成员，我方愿意接受任何处罚。

（7）我方同意所提交的投标文件在“投标须知”第××条规定的投标有效期内有效，在此期间内如果能中标，我方将受此约束。

（8）除非另外达成协议并生效，你方的中标通知书和本投标文件将成为约束双方的合同文件的组成部分。

（9）我方提交金额为人民币（大写）________万元（￥________元）的投标保证金。

投标人：________________（盖章）________________

单位地址：________________

法定代表人或其委托代理人：__________（签字或盖章）__________

邮政编码：__________电话：__________传 真：__________

开户银行名称：________________________________

开户银行帐号：________________________________

开户银行地址：________________________________

开户银行电话：________________________________

日期：____年___月___日

二、投标函附录

工程名称：________土建工程施工（项目名称）

序 号	条款内容	合同条款号	约定内容	备注
1	项目经理	1.1.2.4	姓名：	
2	工期	1.1.4.3	198 日历日	
3	缺陷责任期	1.1.4.5		
4	承包人履约担保金额	4.2		
5	分包	4.3.4	见分包项目情况表	
6	逾期竣工违约金	11.5	元/天	
7	逾期竣工违约金最高限额	11.5		
8	质量标准	13.1		
9	价格调整的差额计算	16.1.1	见价格指数权重表	
10	预付款额度	17.2.1		
11	预付款保函金额	17.2.2		
12	质量保证金扣留百分比	17.4.1		
13	质量保证金额度	17.4.1		
……	……			
……	……			

投标人（盖章）：

法人代表或委托代理人（签字或盖章）：

日期：____年____月____日

三、法定代表人身份证明

单位名称：______________________

地　　址：______________________

成立时间：____年____月____日

经营期限：____年____月____日至____年____月____日

姓名：______ 性别：______

年龄：______ 职务：______

系__________________（投标人单位名称）的法定代表人。

特此证明。

投标人：______________________（盖章）

____年____月____日

四、投标文件签署授权委托书

本授权委托书声明：我_____（姓名）系____________（投标人名称）的法定代表人，现授权委托____________（单位名称）的________（姓名）为我公司签署本工程的投标文件的法定代表人授权委托代理人，我承认代理人全权代表我所签署的本工程的投标文件的内容。

代理人无转委托权，特此委托。

代理人：________ 性别：____年龄：______

身份证号码：________　　职务：________

投标人：____________________（盖章）

法定代表人：__________________（签字或盖章）

授权委托日期：______年____月____日

五、工程履约银行保函（格式）

致：____________________

鉴于___________（以下简称“承包人”）已与______房地产开发有限公司（以下简称“发包人”）就________土建工程施工签订了_____土建工程施工合同（下称“合同”）。

鉴于你方在合同中要求承包人通过经认可的银行向你方提交合同规定金额的保证金，作为承包人履行本合同责任的担保。且本银行同意为承包人出具本银行保函；本行作为担保人在此代表承包人向你方确认承担金额为人民币________（大写）元内的支付责任，在你方第一次局面提出要求得到上述金额内的任何付款时，本行即予支付，不挑剔、不争辩、也不要求你方出具证明或说明背景或理由。

本行放弃你方应先向承包人要求赔偿上述金额然后再向本行提出要求的权力。我行还同意：在发包人和承包人之间的合同条款、合同项下的工程或合同文件发生变化、补充或修改后，我行承担本保函的责任也不改变；上述变化、补充或修改也无须通告我行。

本保函自_________土建工程施工合同生效之日起至担保金额支付完毕或该合同项下所有工程竣工验收合格之次日起计的二十八（28）天内保持有效。

担保人：______________________________（盖章）

法定代表人或委托代理人：______________（签字或盖章）

地址：______________________

银行名称：_______________________

电话：______________　联系人：__________

日期：____年___月___日

六、已标价工程量清单

投标总价

招　标　人：____________房地产开发有限公司

工程名称：___________土建工程施工

投标总价（小写）：______________________________元

（大写）：______________________________元

投　标　人：________________________（单位盖章）

法定代表人：_____________或其授权人：_____________（签字或盖章）

编　制　人：

（注册造价师或一级造价员盖章）

编制日期：　　年　　月　　日

单位工程造价费用汇总表

序号	汇总内容	计算基础	费率/%	金/元
一	分部分项工程费	分部分项合计		
1.1	其中：人工费	分部分项人工费		
1.2	其中：机械费	分部分项机械费		
二	措施项目费	措施项目合计		
三	其他项目费	其他项目合计		
四	税费前工程造价合计	分部分项工程费+措施项目费+其他项目费		
五	规费	工程排污费+社会保障费+住房公积金+危险作业意外伤害保险		
六	税金	税费前工程造价合计+规费		
合计				

单位工程规费计价表

序号	汇总内容	计算基础	费率/%	金额/元
5.1	工程排污费			
5.2	社会保障费	养老保险+失业保险+医疗保险+生育保险+工伤保险		
5.2.1	养老保险	其中：人工费+其中：机械费		
5.2.2	失业保险	其中：人工费+其中：机械费		

5.2.3	医疗保险	其中：人工费+其中：机械费		
5.2.4	生育保险	其中：人工费+其中：机械费		
5.2.5	工伤保险	其中：人工费+其中：机械费		
5.3	住房公积金	其中：人工费+其中：机械费		
5.4	危险作业意外伤害保险			
	合计			

措施项目清单与计价表

序号	项目名称	计算基数	费率/%	金额/元
一	组织措施项目			
1	安全文明施工措施费			
1.1	环境保护			
1.2	文明施工			
1.3	安全施工			
1.4	临时设施			
2	夜间施工增加费			
3	二次搬运费			
4	已完工程及设备保护费			
5	冬雨季施工费	分部分项人工费+分部分项机械费		
6	市政工程干扰费	分部分项人工费+分部分项机械费		
7	其他措施项目费			
	合计			

主要材料价格表

序号	编码	材料名称	规格、型号	单位	单价/元
1	C0006	791 黏结剂		kg	
2	C00240	全瓷墙面砖 200×150		m^2	
3	C0069	玻璃纤维网格布		m^2	
4	C0209	改性沥青卷材（3 mm 厚）		m^2	
5	C0235	钢筋	ϕ10 以内	t	
6	C0380	机制砖（红砖）		千块	
7	C0423	聚苯乙烯板（容重 18/m^3）40 mm		m^2	
8	C0424	聚苯乙烯泡沫板	100 mm	m^2	
9	C0428	聚苯乙烯硬泡沫板		m^3	
10	C0441	空心砌块	390×190×190	块	

11	C0468	砾（碎）石		m^3	
12	C0638	热轧带肋钢筋（螺纹钢筋）	ϕ12	t	
13	C0640	热轧带肋钢筋（螺纹钢筋）	ϕ16	t	
14	C0641	热轧带肋钢筋（螺纹钢筋）	ϕ18	t	
15	C0642	热轧带肋钢筋（螺纹钢筋）	ϕ20	t	
16	C0643	热轧带肋钢筋（螺纹钢筋）	ϕ22	t	
17	C0644	热轧带肋钢筋（螺纹钢筋）	ϕ25	t	
18	C0691	水泥	32.5 MPa	kg	
19	C0891	支撑方木		m^3	
20	C0907	竹胶板		m^2	

1．工程量清单说明

1.1 本工程量清单是根据招标文件中包括的、有合同约束力的图纸以及有关工程量清单的国家标准、行业标准、合同条款中约定的工程量计算规则编制。约定计量规则中没有的子目，其工程量按照有合同约束力的图纸所标示尺寸的理论净量计算。计量采用中华人民共和国法定计量单位。

1.2 本工程量清单应与招标文件中的投标人须知、通用合同条款、专用合同条款、技术标准和要求及图纸等一起阅读和理解。

1.3 本工程量清单仅是投标报价的共同基础，实际工程计量和工程价款的支付应遵循合同条款的约定和 “技术标准和要求”的有关规定。

1.4 补充子目工程量计算规则及子目工作内容说明：____________________。

2．投标报价说明

2.1 工程量清单中的每一子目须填入单价或价格，且只允许有一个报价。

2.2 工程量清单中标价的单价或金额，应包括所需人工费、施工机械使用费、材料费、其他（运杂费、质检费、安装费、缺陷修复费、保险费，以及合同明示或暗示的风险、责任和义务等)，以及管理费、利润等。

2.3 工程量清单中投标人没有填入单价或价格的子目，其费用视为已分摊在工程量清单中其他相关子目的单价或价格之中。

2.4 暂列金额的数量及拟用子目的说明：________________。

3．其他说明

其他说明________________。

4．工程量清单

4.2 计日工表

4.2.1 劳务

编号	子目名称	单位	暂定数量	单价	合价

劳务小计金额：________

（计入“计日工汇总表”）

4.2.2 材料

编号	子目名称	单位	数量	单价	合价

材料小计金额：________

（计入“计日工汇总表”）

4.2.3 施工机械

编号	子目名称	单位	暂定数量	单价	合价

施工机械小计金额：________

（计入“计日工汇总表”）

4.2.4 计日工汇总表

名称	金额	备注
劳务		
材料		
施工机械		

计日工总计：________

（计入“投标报价汇总表”）

4.3 暂估价表

4.3.1 材料暂估价表

序号	名称	单位	数量	单价	合价	备注

4.3.2 工程设备暂估价表

序号	名称	单位	数量	单价	合价	备注

4.3.3 专业工程暂估价表

序号	专业工程名称	工程内容	金额
小计：			

4.4 程量清单单价分析表

序号	编码	子目名称	人工费			材料费						机械使用费	其他	管理费	利润	单价
			工日	单价	金额	主材				辅材费	金额					
						主材耗量	单位	单价	主材费							

七、施工组织设计

（1）投标人应根据招标文件和对现场的勘察情况，采用文字并结合图表形式，参考以下要点编制本工程的施工组织设计：

① 施工方案及技术措施；

② 质量保证措施和创优计划；

③ 施工总进度计划及保证措施（包括以横道图或标明关键线路的网络进度计划、保障进度计划需要的主要施工机械设备、劳动力需求计划及保证措施、材料设备进场计划及其他保证措施等）；

④ 施工安全措施计划；

⑤ 文明施工措施计划；

⑥ 施工场地治安保卫管理计划；

⑦ 施工环保措施计划；

⑧ 冬季和雨季施工方案；

⑨ 施工现场总平面布置（投标人应递交一份施工总平面图，绘出现场临时设施布置图表并附文字说明，说明临时设施、加工车间、现场办公、设备及仓储、供电、供水、卫生、生活、道路、消防等设施的情况和布置）；

⑩ 项目组织管理机构

⑪ 成品保护和工程保修工作的管理措施和承诺；

⑫ 任何可能的紧急情况的处理措施、预案以及抵抗风险（包括工程施工过程中可能遇到的各种风险）的措施；

⑬ 与发包人、监理及设计人的配合；

⑭ 招标文件规定的其他内容。

（2）施工组织设计除采用文字表述外可附下列图表。

拟投入本工程的主要施工设备表

序号	设备名称	型号规格	数量	国别产地	制造年份	额定功率/kW	生产能力	用于施工部位	备注
1	塔吊	Q5013、20TM	台	山东	2007	35	100		开工前
2	施工电梯	SCD/200AJ	台	沈阳	2006	25	100		开工前
3	砼搅拌机	JS350	台	海城	2008	24	100		开工前
4	拖式砼泵	HBT60	台	山东	2007	90	100		开工前
5	砼汽车泵	进口 34m	台	山东	2008	6.6	100		开工前
6	砼布料机	BL11	台	山东	2006	4.5	100		开工前
7	钢筋成型机	GJBT-40B	台	沈阳	2005	7.5	100		开工前
8	钢筋成型机	GW40-I	台	沈阳	2005	2	100		开工前
	…	…	…	…	…	…	…	…	…

拟配备本工程的试验和检测仪器设备表

序号	仪器设备名称	型号规格	数 量	国别产地	制造年份	已使用台时数	用 途	备注
1	光学经纬仪	J2-JDA	台				轴线控制	
2	水准仪	自动精平 YJS3	台				标高控制	
3	激光扫平仪	JP-20	台				平整度控制	
4	大钢尺	50	把				距离测量	
5	小卷尺	5m	把				质量检测	
6	塔尺	5m	根				测量	

7	砼试模	150×150×150 mm	组				试验	
8	砂浆试模	70.7×70.7×70.7	组				试验	
	…	…	…	…	…	…	…	…

劳动力计划表

单位：人

序号	工种	分项工程			持证上岗率
		基础工程	主体工程	装饰工程	
1	普工				
2	木工				
3	钢筋工				
4	砼工				
5	瓦工				
6	架子工				
7	机械工				
8	电工				
9	水暖工				
10	抹灰工				
11	油工				
12	防水工				
13	保温工				
14	镶砖工				
15	合计				

临时用地表

序号	设施名称	占地面积/m^2	建筑规模	建设标准	使用时间
1	办公室	250	250	采用保温彩板房制作	整个工期
2	会议室	80	80	采用保温彩板房制作	整个工期
3	宿舍	1500	3000	采用保温彩板房制作	整个工期
4	厕所	100	100	采用保温彩板房制作	整个工期
5	食堂	300	300	采用保温彩板房制作	整个工期
6	大门	10	10	采用可折叠铁门	整个工期
7	仓库	500	500	采用保温彩板房制作	整个工期
8	门岗	3	3	采用保温彩板房制作	整个工期
9	警卫室	2	2	采用保温彩板房制作	整个工期
10	消防设施	20	20	按××市有关规定执行	整个工期

11	水泥棚	700	700	按××市有关规定执行	整个工期
12	钢筋加工棚	600	600	按××市有关规定执行	主体
13	架管存放棚	250	250	按××市有关规定执行	主体
14	木工棚	420	420	按××市有关规定执行	主体
15	围 挡	2000 米	2000 米	采用蓝色压型钢板	整个工期
	合计				

八、项目管理机构

（一）项目管理机构组成表

项目管理机构组成表

职务	姓名	职称	执业或职业资格证明					备注
			证书名称	级别	证号	专业	养老保险	
项目经理		高级工程师	建造师	二级		房屋建筑		
技术负责人		高级工程师	工程师	高级		工民建		
安全员		工程师	安全员			工民建		
质检员		工程师	质检员	三级		土建		
材料员		工程师	材料员			土建		
施工员		工程师	工程师			土建		
预算员		建造师	预算员	三级		工民建		
电气工程师		工程师	电气	中级		工民建		
水暖工程师		工程师	暖通	中级		工民建		

（二）项目经理简历表

项目经理应附建造师执业资格证书、注册证书、安全生产考核合格证书、身份证、职称证、学历证及未担任其他在施建设工程项目项目经理的承诺书，管理过的项目业绩须附合同协议书复印件。类似项目限于以项目经理身份参与的项目。

项目经理简历表

姓　名		年　龄		学历	大专
职　称	高级工程师	职　务		拟在本工程任职	
注册建造师执业资格等级			一级	建造师专业	房建
安全生产考核合格证书					
毕业学校		年毕业于	学校	专业	
主要工作经历					
时　间	参加过的类似项目名称			工程概况说明	发包人及联系电话

主要项目管理人员指项目副经理、技术负责人、专职安全生产管理人员等岗位人员。应附注册资格证书、身份证、职称证、学历证，专职安全生产管理人员应附安全生产考核合格证书，主要业绩须附合同协议书。

九、承诺书

投标人承诺书

致：____________房地产开发有限公司

本投标人已详细阅读了_____________土建工程施工招标文件，自愿参加上述工程投标，现就有关事项向招标人郑重承诺如下：

（1）本投标人自愿按照招标文件及施工合同要求完成本次施工任务。

（2）遵守中华人民共和国、___省、_____市有关招标投标的法律法规规定，自觉维护建筑市场秩序。否则，同意被废除投标资格并接受处罚。

（3）服从招标文件规定的时间安排，遵守招标有关会议现场纪律。否则，同意被废除投标资格并接受处罚。

（4）接受招标文件全部内容。否则，同意被废除投标资格并接受处罚。

（5）保证投标文件内容无任何虚假。若评标过程中查出有虚假，同意作无效投标文件处理并被没收投标担保，若中标之后查出有虚假，同意废除中标资格、被没收投标担保，并接受招投标行政管理部门依法进行的严厉处罚。

（6）保证按照招标文件及中标通知书规定提交履约担保并商签合同。否则，同意接受招标人违约处罚并被没收投标担保。

（7）保证按照施工合同约定完成施工合同范围内的全部内容，否则，同意接受招标人对投标人违诺处罚并被没收履约担保。

（8）保证中标之后按投标文件承诺向招标项目派驻项目部（组）人员，配备齐全的施工设备。否则，同意接受违约处罚并被没收履约担保。

（9）保证中标之后密切配合建设单位开展工作。

（10）保证按招标文件及施工合同约定的原则处理工程费调整事宜。

（11）保证不参与陪标、围标行为。否则，同意接受建设行政主管部门最严厉的处罚。

本投标人在规定的投标有效期限内及合同有效期内，将受招标文件的约束并履行投标文件的承诺。若有违背上述承诺问题，将自觉接受建设行政主管部门依照法律法规和有关规定进行的任何处罚。

投 标 人（法人章）：______________

法定代表人（签名或盖章）：______________

______年___月___日

项目经理投标承诺书

致：__________房地产开发有限公司

我________（姓名）在此郑重承诺：我是______建设集团有限公司（投标人）编制内项目经理，目前无在建项目。

在________土建工程施工招标投标中所提供的个人资格及业绩均属实，不存在其他公司借用我项目经理资格投标的现象。如我公司中标，我保证按期作为项目经理承担该项目的建设工作。

如在评标、定标、公示过程中发现本人承诺有虚假问题，或被举报核实有上述违反承诺行为，或在项目建设过程中有违规行为，我愿意无条件地接受市建设行政主管部门和建设工程管理协会的处罚并取消我方投标人的中标资格。

我方保证上述信息的真实和准确，并愿承担因我方就此弄虚作假所引起的一切法律后果。

投标人：____________ （盖章）____________建设集团有限公司

承诺人签字：____________

身份证号码：____________

办公电话：____________

手　　机：____________

______年___月___日

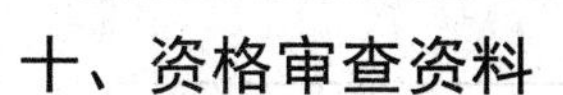

十、资格审查资料

（一）投标人基本情况表

投标人基本情况表

投标人名称	建设集团有限公司					
注册地址			邮政编码			
联系方式	联系人		电　话			
	传　真		网　址			
组织结构						
法定代表人	姓名		技术职称		电话	
技术负责人	姓名		技术职称		电话	
成立时间			员工总人数：			
企业资质等级	二级		其中	项目经理		
营业执照号				高级职称人员		
注册资金				中级职称人员		
开户银行				初级职称人员		
账号				技　工		
经营范围	房屋建筑，装饰装修，钢结构工程，市政工程					
备注						

备注：本表后应附企业法人营业执照及其年检合格的证明材料、企业资质证书副本、安全生产许可证等材料的复印件。

（二）近年完成的类似项目情况表

近年完成的类似项目情况表

项目名称	
项目所在地	
发包人名称	
发包人地址	
发包人联系人及电话	
合同价格	
开工日期	
竣工日期	
承担的工作	

工程质量	
项目经理	
技术负责人	
总监理工程师及电话	
项目描述	
备注	

备注：①类似项目指______________工程。②本表后附中标通知书和（或）合同协议书的复印件，具体年份要求见投标人须知前附表。每张表格只填写一个项目，并标明序号。

（三）正在施工的和新承接的项目情况表

正在施工的和新承接的项目情况表

项目名称	
项目所在地	
发包人名称	
发包人地址	
发包人电话	
签约合同价	
开工日期	
计划竣工日期	
承担的工作	
工程质量	
项目经理	
技术负责人	
总监理工程师及电话	
项目描述	
备注	

备注：本表后附中标通知书和（或）合同协议书复印件。每张表格只填写一个项目，并标明序号。

（四）近年发生的诉讼和仲裁情况

说明：近年发生的诉讼和仲裁情况仅限于投标人败诉的，且与履行施工承包合同有关的案件，不包括调解结案以及未裁决的仲裁或未终审判决的诉讼。

（五）企业其他信誉情况表（年份要求同诉讼及仲裁情况年份要求）

企业其他信誉情况表包含内容如下：

（1）近年企业不良行为记录情况。

（2）在施工程以及近年已竣工工程合同履行情况。

（3）其他。

备注：①企业不良行为记录情况主要是近年投标人在工程建设过程中因违反有关工程建设的法律、法规、规章或强制性标准和执业行为规范，经县级以上建设行政主管部门或其委托的执法监督机构查实和行政处罚，形成的不良行为记录。②合同履行情况主要是投标人近年所承接工程和已竣工工程是否按合同约定的工期、质量、安全等履行合同义务，对未竣工工程合同履行情况还应重点说明非不可抗力解除合同（如果有）的原因等具体情况，等等。

【本章小结】

本章对投标决策、投标文件、投标技巧、国际投标作了比较详细的阐明。

本章的主要内容包括投标决策阶段的划分；影响投标决策的因素；资格预审申请文件；投标前的准备工作；投标文件；技术标的编制；工程量清单；密封投标文件；联合体投标；准备询标；投标策略的内容；投标报价的技巧；国际工程投标工作程序；国际工程投标注意事项等。通过本章学习，读者可以了解投标决策阶段的划分及影响因素；掌握投标前所需的准备工作；掌握投标文件的编制；熟悉投标报价的技巧。

【本章习题】

1．影响投标决策的主观因素有哪些？客观因素有哪些？

2．如何开展对工程项目所在地的调查？

3．投标文件由哪些文件或材料构成？

4．工程量清单计价的特点是什么？

5．工程量清单应注意的事项有哪些？

6．联合体投标的要求有哪些？

第三章　开标、评标、定标与签订合同

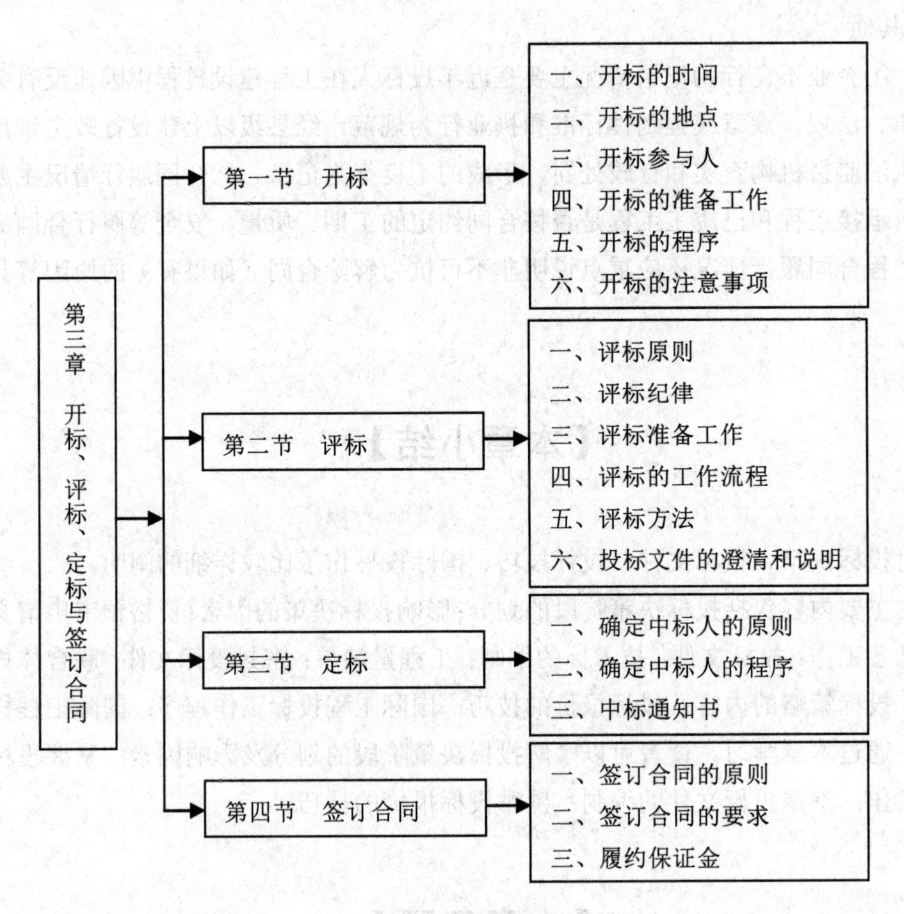

第三章　结构图

【学习目标】

- 了解开标的准备工作、程序及注意事项；
- 熟悉评标的原则、方法及程序；
- 掌握确定中标人的原则及程序；
- 掌握中标通知书的性质及法律效力；
- 熟悉签订合同的原则及要求。

【本章引例】

某依法必须招标的建设工程，采用综合评估法打分制评标，评标委员会由 5 人组成，其中 4 人依法从政府组建的专家库中随机抽取产生，1 人为招标人选派的代表。在对 C 投标人商务标进行符合性评审时，评委意见产生分歧，有 4 名专家认为这家投标人的某一主要材料的实质性响应招标文件要求不应作废标处理；招标人代表坚持认为非实质 性响应招标文件要求应做废标处理。评标委员会以少数服从多数的原则，最后决定，不予废标。但招标人代表打分时拒绝给 C 企业打分。理由是按照招标投标法规定，评审是独立评审，独立打分，对评审结果承担个人责任。

【问题】简要阐明这种问题应当如何处理。

第一节　开标

开标是指在招标投标活动中，由招标人主持、邀请所有投标人和行政监督部门或公证机构人员参加的情况下，在招标文件预先约定的时间和地点当众对投标文件进行开启的法定流程。招标人在投标截止时间的同一时间，依据招标文件规定的开标地点组织公开开标，公布投标人名称、投标报价以及招标文件约定的其他唱标内容，使招标投标当事人了解各个投标的关键信息，并且将相关情况记录在案。

一、开标的时间

《招标投标法》规定："开标应当在招标文件确定的提交投标文件截止时间的同一时间公开进行，开标地点应当为招标文件中预先确定的地点。"

开标时间应与提交投标文件的截止时间相一致。将开标时间规定为提交投标文件截止时间的同一时间，目的是为了防止招标人或者投标人利用提交投标文件的截止时间以后与开标时间之前的一段时间间隔做手脚，进行暗箱操作。比如，有些投标人可能会利用这段时间与招标人或招标代理机构串通，对投标文件的实质性内容进行更改等。关于开标的具体时间，实践中可能会有两种情况，如果开标地点与接受投标文件的地点相一致，则开标时间与提交投标文件的截止时间应一致；如果开标地点与提交投标文件的地点不一致，则开标时间与提交投标文件的截止时间应有一合理的间隔。

《招标投标法》关于开标时间的规定，与国际通行作法大体是一致的。如联合国示范法规定，开标时间应为招标文件中规定作为投标截止日期的时间。世界银行采购指南规定，开标时间应该和招标通告中规定的截标时间相一致或随后马上宣布。其中"马上"的含义可理解为需留出合理的时间把投标书运到公开开标的地点。

二、开标的地点

为了使所有投标人都能事先知道开标地点，并能够按时到达，开标地点应当在招标文件中事先确定，以便使每一个投标人都能事先为参加开标活动做好充分的准备，如根据情况选择适当的交通工具，并提前做好机票、车票的预订工作，等等。招标人如果确有特殊原因，需要变动开标地点，则应当按照《招标投标法》第二十三条的规定："招标人对已发出的招标文件进行必要的澄清或者修改的，应当在招标文件要求提交投标文件截止时间至少十五日前，以书面形式通知所有招标文件收受人。该澄清或者修改的内容为招标文件的组成部分。"

三、开标参与人

开标由招标人主持，邀请所有投标人参加。对于开标参与人，应注意以下几个问题：

（1） 开标一般由招标人主持。开标可以由招标人主持，也可以委托招标代理机构主持。在实际招标投标活动中，绝大多数委托招标项目，开标是由招标代理机构主持的。

（2） 投标人自主决定是否参加开标。招标人邀请所有投标人参加开标是法定的义务，投标人自主决定是否参加开标会是法定的权利。

（3） 其他依法可以参加开标的人员。根据项目的不同情况，招标人可以邀请除投标人以外的其他方面相关人员参加开标。根据《招标投标法》第三十六条的规定，招标人可以委托公证机构对开标情况进行公证。

四、开标的准备工作

（1）投标文件接收。招标人应当安排专人，在招标文件指定地点接收投标人递交的投标文件（包括投标保证金），详细记录投标文件送达人、送达时间、份数、包装密封、标识等查验情况，经投标人确认后，出具投标文件和投标保证金的接收凭证。

投标文件密封不符合招标文件要求，招标人不予受理，在截标时间前，应当允许投标人在投标文件接收场地之外自行更正修补。在投标截止时间后递交的投标文件，招标人应当拒绝接收。

至投标截止时间提交投标文件的投标人少于 3 家的，不得开标，招标人应将接收的投标文件原封退回投标人，并依法重新组织招标。

（2）开标现场。招标人应保证受理的投标文件不丢失、不损坏、不泄密，并组织工作人员将投标截止时间前受理的投标文件及可能的撤销函运送到开标地点。

招标人应精细周全的准备好开标必备的现场条件，包括提前布置好开标会议室，准备

好开标需要的设备、设施和服务等。

（3）开标资料。招标人应准备好开标资料，包括开标记录表、标底文件（如有）、投标文件接收登记表、签收凭证等。招标人还应准备相关国家法律法规、招标文件及其澄清与修改内容，以备必要时使用。

（4）工作人员。招标人参与开标会议的有关工作人员应按时到达开标现场，包括主持人、开标人、唱标人、记录人、监标人及其他辅助人员。

五、开标的程序

招标人应按照招标文件规定的程序开标，一般开标程序是：

（1）宣布开标纪律。主持人宣布开标纪律，对参与开标会议的人员提出会场要求，主要是开标过程中不得喧哗；通讯工具调整到静音状态；约定的提问方式等。任何人不得干扰正常的开标程序。

（2）确认投标人代表身份。招标人可以按招标文件的约定，当场核验参加开标会议的投标人授权代表的授权委托书和有效身份证件，确认授权代表的有效性，并留存授权委托书和身份证件的复印件。法定代表人出席开标会的要出示其有效证件。

（3）公布在投标截止时间前接收投标文件情况。招标人当场宣布投标截止时间前递交投标文件的投标人名称、时间等。

（4）宣布有关人员名称。开标会主持人介绍招标人代表、招标代理机构代表、监督人代表或公证人员等，依次宣布开标人、唱标人、记录人、监标人等有关人员姓名。

（5）检查投标文件密封情况。依据招标文件约定的方式，组织投标文件的密封检查。可由投标人代表或招标人委托的公证人员检查，其目的在于检查开标现场的投标文件的密封状况是否与招标文件约定和受理时的密封状况一致。

（6）宣布投标文件开标顺序。主持人宣布开标顺序。如招标文件未约定开标顺序的，一般按照投标文件递交的顺序或倒序当众拆封进行唱标。

（7）公布标底。招标人设有标底的，予以公布；也可以在唱标后公布标底。

（8）唱标。按照宣布的开标顺序当众开标。唱标人应按照招标文件约定的唱标内容，严格依据投标函（或包括投标函附录），并当即做好唱标记录。唱标内容一般包括投标函及投标函附录中的报价、备选方案报价（如有）、完成期限、质量目标、投标保证金等。

（9）开标记录签字。开标会议应当做好书面记录，如实记录开标会的全部内容，包括开标时间、地点、程序，出席开标会的单位和代表，开标会程序、唱标记录、公证机构和公证结果（如有）等。投标人代表、招标人代表、监标人、记录人等应在开标记录上签字确认，存档备查。投标人代表对开标记录内容有异议的可以注明。

（10）开标结束。完成开标会议全部程序后，主持人宣布开标会议结束。

六、开标的注意事项

通常，开标过程中有以下几点注意事项：

（1）投标截止时间前，投标人书面通知招标人撤回其投标的，无需进入开标程序。

（2）依据投标函及投标函附录（正本）唱标，其中投标报价以大写金额为准。

（3）开标过程中，投标人对唱标记录提出异议，开标工作人员应立即核对投标函及投标函附录（正本）的内容与唱标记录，并决定是否应该调整唱标记录。

（4）开标时，开标工作人员应认真核验并如实记录投标文件的密封、标识以及投标报价、投标保证金等开标、唱标情况，发现投标文件存在问题或投标人自己提出异议的，特别是涉及影响评标委员会对投标文件评审结论的，应如实记录在开标记录上。但招标人不应在开标现场对投标文件是否有效做出判断和决定，应递交评标委员会评定。

第二节　评标

评标是指按照规定的评标标准和方法，对各投标人的投标文件进行评价比较和分析，从中选出最佳投标人的过程。评标是招标投标活动中十分重要的阶段，评标是否真正做到公开、公平、公正，决定着整个招标投标活动是否公平和公正；评标的质量决定着能否从众多投标竞争者中选出最能满足招标项目各项要求的中标者。

一、评标原则

在整个评标活动过程中必须遵循以下几点原则：

（1）公平、公正。

（2）依法评标。

（3）严格按照招标文件评标。只要招标文件未违反现行的法律、法规和规章，没有前后矛盾的规定，就应严格按照招标文件及其附件、修改纪要、答疑纪要进行评审。

（4）合理、科学、择优。

（5）对未提供证明资料的评审原则。凡投标人未能提供的证明材料（包括资质证书、业绩证明、职业资格或证书等），若属于招标文件强制性要求的，评委均不予确认，应否决其投标；若属于分值评审法或价分比法的评审因素，则不计分，投标人不得进行补正。

（6）做有利于投标人的评审。若招标文件表述不够明确，应做出对投标人有利的评审，但这种评审结论不应导致对招标人的具有明显的因果关系的损害。

（7）反不正当竞争。评审中应严防串标、挂靠围标等不正当竞争行为。若无法当场确

认，那么事后可向监管部门报告。

（8）记名表决。一旦评审出现分歧，则应采用少数服从多数的表决方式，表决时必须署名，但应保密，即不应让投标人知道谁投赞成票、谁投反对票。

（9）保密原则。评委必须对投标文件的内容、评审的讨论细节进行保密。

评标委员会依据法律法规、招标文件及其规定的评标标准和方法，对投标文件进行系统的评审和比较，招标文件中没有规定的标准和方法，评标时不得采用。

二、评标纪律

评标的纪律主要有以下几个：

（1）评标活动由评标委员会依法进行，任何单位和个人不得非法干预。无关人员不得参加评标会议。

（2）评标委员会成员不得与任何投标人或者与招标结果有利害关系的人私下接触，不得收受投标人、中介人以及其他利害关系人的财务或其他好处。

（3）招标人或其委托的招标代理机构应当采取有效措施，确保评标工作不受外界干扰，保证评标活动严格保密，有关评标活动参与人员应当严格遵守保密原则，不得泄露与评标有关的任何情况。其保密内容涉及：①评标地点及场所；②评标委员会成员名单；③投标文件评审比较情况；④中标候选人的推荐情况；⑤与评标有关的其他情况等。为此，招标人应采取有效措施，必要时，可以集中管理和使用与外界联系的通讯工具等，同时禁止任何人员私自携带与评标活动有关的资料离开评标现场。

三、评标准备工作

招标人及其招标代理机构应为评标委员会评标做好以下准备工作：

（1）准备评标需用的资料。如招标文件及其澄清与修改、标底文件、开标记录等。

（2）布置评标现场，准备评标工作所需工具。

（3）选择评标地点和评标场所。

（4）准备评标相关表格。

（5）妥善保管开标后的投标文件并运到评标现场。

（6）评标安全、保密和服务等有关工作。

四、评标的工作流程

招标项目一般在开标后即组织评标委员会评标。评标分为初步评审和详细评审两个阶段。评标的一般程序流程如图 3-1 所示。

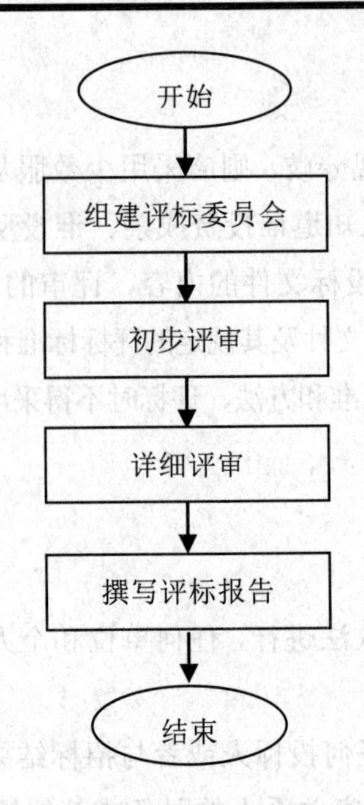

图 3-1　评标的一般程序流程图

（一）组建评标委员会

评标委员会须由下列人员组成：

（1）招标人的代表。招标人的代表参加评标委员会，以在评标过程中充分表达招标人的意见，与评标委员会的其他成员进行沟通，并对评标的全过程实施必要的监督，都是必要的。

（2）相关技术方面的专家。由招标项目相关专业的技术专家参加评标委员会，对投标文件所提方案的技术上的可行性、合理性、先进性和质量可靠性等技术指标进行评审比较，以确定在技术和质量方面确能满足招标文件要求的投标。

（3）经济方面的专家。由经济方面的专家对投标文件所报的投标价格、投标方案的运营成本、投标人的财务状况等投标文件的商务条款进行评审比较，以确定在经济上对招标人最有利的投标。

（4）其他方面的专家。根据招标项目的不同情况，招标人还可聘请除技术专家和经济专家以外的其他方面的专家参加评标委员会。比如，对一些大型的或国际性的招标采购项目，还可聘请法律方面的专家参加评标委员会，以对投标文件的合法性进行审查把关。

评标委员会成员人数须为 5 人以上单数。评标委员会成员人数过少，不利于集思广益，从经济、技术各方面对投标文件进行全面的分析比较，以保证评审结论的科学性、合理性；评标委员会成员人数也不宜过多，否则会影响评审工作效率，增加评审费用。要求评审委员会成员人数须为单数，以便于在各成员评审意见不一致时，可按照多数通过的原则产生评标委员会的评审结论，推荐中标候选人或直接确定中标人。

评标委员会成员中，有关技术、经济等方面的专家的人数不得少于成员总数的 2/3，以保证各方面专家的人数在评标委员会成员中占绝对多数，充分发挥专家在评标活动中的权威作用，保证评审结论的科学性、合理性。

（二）初步评审

初步评审是评标委员会按照招标文件确定的评标标准和方法，对投标文件进行形式、资格、响应性评审，以判断投标文件是否存在重大偏离或保留，是否实质上响应了招标文件的要求。经评审认定投标文件没有重大偏离，实质上响应招标文件要求的，才能进入详细评审。

1．初步评审内容

投标文件的初步评审内容包括形式评审、资格评审、响应性评审。工程施工招标采用经评审的最低投标价法时，还应对施工组织设计和项目管理机构的合格响应性进行初步评审。

（1）形式评审。

①投标文件格式、内容组成（如投标函、法定代表人身份证明、授权委托书等），是否按照招标文件规定的格式和内容填写，字迹是否清晰可辨。

②投标文件提交的各种证件或证明材料是否齐全、有效和一致，包括营业执照、资质证书、相关许可证、相关人员证书、各种业绩证明材料等。

③投标人的名称、经营范围等与投标文件中的营业执照、资质证书、相关许可证是否一致有效。

④投标文件法定代表人身份证明或法定代表人的代理人是否有效，投标文件的签字、盖章是否符合招标文件规定，若有授权委托书，则授权委托书的内容和形式是否符合招标文件规定。

⑤如有联合体投标，应审查联合体投标文件的内容是否符合招标文件的规定，包括联合体协议书、牵头人、联合体成员数量等。

⑥投标报价是否唯一。一份投标文件只能有一个投标报价，在招标文件没有明确规定的情况下，不得提交选择性报价，如果提交有调价函，则应审查调价函是否符合招标文件规定。

（2）资格审查。适用于未进行资格预审程序的评标。

（3）响应性评审。

①投标内容范围是否符合招标范围和内容，有无实质性偏差。

②项目完成期限，投标文件载明的完成项目的时间是否符合招标文件规定的时间。并应提供响应时间要求的进度计划安排的图表等。

③项目质量要求，投标文件是否符合招标文件提出的质量目标、标准要求。

④投标有效期，投标文件是否承诺招标文件规定的有效期。

⑤投标保证金，投标人是否按照招标文件规定的时间、地点、方式、金额及有效期递交投标保证金或银行保函。

⑥投标报价，投标人是否按照招标文件规定的内容范围及工程量清单或货物、服务清单数量进行报价，是否存在算术错误，并需要按规定修正。招标文件设有招标控制价的，投标报价不能超过招标控制价。

⑦合同权利和义务。投标文件中是否完全接受并遵守招标文件合同条件约定的权利、义务，是否对招标文件合同条款有重大保留、偏离和不响应内容。

⑧技术标准和要求。投标文件的技术标准是否响应招标文件要求。

(4) 工程施工组织设计和项目管理机构评审。采用经评审的最低投标价法时，投标文件的施工组织设计和项目管理机构的各项要素是否响应招标文件要求。

2．废标的一般情形

有下列情形之一，经评标委员会评审认定后作废标处理：

(1) 投标文件无单位盖章且无法定代表人或其授权代理人签字或盖章的，或者虽有代理人签字但无法定代表人出具授权委托书的。

(2) 投标人不符合国家或招标文件规定的资格条件的。

(3) 没有按照招标文件要求提交投标保证金的。

(4) 投标人名称或组织结构与资格预审审查时不一致且未提供有效证明的。

(5) 投标函未按招标文件规定的格式填写，内容不全或关键字迹模糊无法辨认的。

(6) 联合体投标未附联合体各方共同投标协议书的。

(7) 投标人提交两份或多份内容不同的投标文件，或在同一投标文件中对同一招标项目有两个或多个报价，且未声明哪一个为最终报价的，但按招标文件要求提交备选投标的除外。

(8) 报价明显低于其他投标报价或者在设有标底时明显低于标底，且投标人不能合理说明或提供相关证明材料，评标委员会认定该投标人以低于成本报价竞标的。

(9) 串通投标、以行贿手段谋取中标、以他人名义或者其他弄虚作假方式投标的。

(10) 不符合招标文件提出其他商务、技术的实质性要求和条件的。

(11) 无正当理由不按照要求对投标文件进行澄清、说明或补正的。

(12) 招标文件明确规定可以废标的其他情形。

3．投标报价的算术性错误修正

投标报价有算数错误的，评标委员会一般按一定原则对投标报价进行修正，修正的价格经投标人书面确认后具有约束力。投标人不接受修正价格的，其投标作废标处理。

算术性错误修正方法：投标文件中的大写金额与小写金额不一致时，以大写金额为准；总价金额与依据单价计算出的结果不一致时，以单价金额为准修正总价，但单价金额小数点有明显错误的除外。

目前，投标报价算术性修正的原则并没有形成统一的认识。实践中的一般做法是在投标总报价不变的前提下，修正投标报价单价和费用构成。

（二）详细评审

详细评审是评标委员会根据招标文件确定的评标方法、因素和标准，对通过初步评审投标文件作进一步的评审、比较。

采用经评审的最低投标价法，评标委员会应根据招标文件中规定的评标价格计算因素和方法，计算所有投标人的评标价，招标文件中没有明确规定的因素不得计入评标价。

采用综合评估法，评标委员会可使用打分方法或者其他方法，衡量投标文件最大限度的满足招标文件规定的各项评价标准的响应程度。需评价量化的因素及其标准、权重应当在招标文件的评标方法中明确规定，并应当将评标量化因素、标准建立在同一基础上，使各投标文件具有可比性。

（1）经评审的最低投标价法的详细评审。经过初步评审合格并进行算术性错误修正后的投标报价，按招标文件约定的方法、因素和标准进行量化折算，计算评标价。评标价计算通常包括工程招标文件引起的报价内容范围差异、投标人遗漏的费用、投标方案租用临时用地的数量（如果由发包人提供的临时用地）、提前竣工的效益等直接反映价格的因素。使用外币项目，应根据招标文件约定，需将不同外币报价金额按招标文件约定日期的汇率转换为约定的货币金额进行比较。

一般简单工程往往忽略以上价格的评标量化因素时，便直接采用投标报价进行比较。

（2）综合评估法的详细评审是一个综合评价过程，评价的内容通常包括投标报价、施工组织设计、项目管理机构、其他因素等。

①投标报价评审。综合评估法中，投标报价占据重要的权重值，首先要确定衡量最合理报价的评价标准，一般称之为“评标基准价”，表示这个评标基准价的投标报价将视为最合理报价，其报价评分将得满分，偏离该基准价的投标报价将按设定的规则依次扣分。

评标基准价的计算方式为：标段有效的投标报价去掉一个最高值和一个最低值后的算术平均值（在投标人数量较少时，也可以不去掉最高值和最低值），或该平均值再乘以一个合理下降系数，即可作为本标段的评标基准价。

有效投标报价定义为：符合招标文件规定，报价未超出招标控制价（如有）的投标报价。根据评标基准价，即可计算投标报价评分，通常采用等于评标基准价的投标报价得满分，每高于或低于评标基准价一个百分点扣一定的分值，可用数学公式表述清楚。例如：

$$F_1=F-|D_1-D|/D\times100\times E$$

式中，F_1——投标价得分；

F——投标报价分值权重；

D_1——投标人的投标价；

D——评标基准价；

E——设定投标报价高于或低于评标基准价一个百分点应该扣除的分值，$D_1\geqslant D$ 时的 E 值可比 $D_1<D$ 时的 E 值大。

评标基准价确定后在整个评标期间应保持不变，并且应特别阐明计算评标基准价的范围、条件。因为评标基准价的变动，将直接影响整个评标结果，所以，在计算评标基准价时，不应该有任何不确定因素或歧义。

②施工组织设计评审可根据项目技术特点和外部环境情况来确定。还应注意施工组织设计的施工方案、资源投入等与投标报价组成的匹配性、一致性。

③项目管理机构评审内容主要包括项目管理机构设置的合理性、项目经理、技术负责人、其他主要技术人员的任职资格、近年类似工程业绩及专业结构等。

④其他评标因素包括投标人财务能力、业绩与信誉等。财务能力评标因素包括投标人注册资本、净资产、资产负债率和主要营业收入的比值，银行授信额度等；业绩与信誉的评标因素包括投标人在规定时间内已有类似项目业绩的数量、规模和成效。政府或行业建立的诚信评价系统对投标人的诚信评价等。

五、评标方法

按照定标所采用的排序依据，可以分为四类，即分值评审法（以分值排序，包括综合评分法、性价比法）、价格评审法（以价格排序，包括最低评标价法、最低投标价法、价分比法等）、综合评议法（以总体优劣排序）、分步评审法（先以技术分和商务分为衡量标准确定入围的投标人，再以他们的报价排序）。具体如下：

（1）综合评分法。综合评分法是指在满足招标文件实质性要求的条件下，依据招标文件中规定的各项因素进行综合评审，以评审总得分最高的投标人作为中标（候选）人的评标方法。

（2）性价比法。性价比法是指在满足招标文件实质性要求的条件下，依据招标文件中规定的除价格以外的各项因素进行综合评审，以所得总分除以该投标人的投标报价，所得商数（评标总得分）最高的投标人为中标（候选）人的评标方法。

（3）价分比法。价分比法是指在满足招标文件实质性要求的条件下，依据招标文件中规定的除价格以外的各项因素进行综合评审，以该投标人的投标报价除以所得总分，所得商数（评标价）最低的投标人为中标（候选）人的评标方法。

（4）综合评议法。综合评议法是指在满足招标文件实质性要求的条件下，评委依据招标文件规定的评审因素进行定性评议，从而确定中标（候选）人的评审方法。

（5）最低投标价法。最低投标价法是指在满足招标文件实质性要求的条件下，投标报价最低的投标人作为中标（候选）人的评审方法。

（6）经评审的最低投标价法。经评审的最低投标价法是指在满足招标文件实质性要求的条件下，评委对投标报价以外的价值因素进行量化并折算成相应的价格，再与报价合并计算得到折算投标价，从中确定折算投标价最低的投标人作为中标（候选）人的评审方法。

（7）最低评标价法。最低评标价法是指在满足招标文件实质性要求的条件下，评委对投标报价以外的商务因素、技术因素进行量化并折算成相应的价格，再与报价合并计算得到评标价，从中确定评标价最低的投标人作为中标（候选）人的评审方法。

六、投标文件的澄清和说明

澄清、说明和补正是指评标委员会在评审投标文件过程中，遇到投标文件中有含义不明确的内容、明显文字或者计算错误时，要求投标人作出书面澄清、说明或补正，但投标人不得借此改变投标文件的实质性内容。投标人不得主动提出澄清、说明或补正的要求。

若评标委员会发现投标人的投标价或主要单项工程报价明显低于同标段其他投标人报价或者在设有参考标底时明显低于参考标底价时，应要求该投标人做出书面说明并提供相关证明材料。如果投标人不能提供相关证明材料证明该报价能够按招标文件规定的质量标准和工期完成招标项目，评标委员会应当认定该投标人以低于成本价竞标，作废标处理。如果投标人提供了有说服力证明材料，评标委员会也没有充分的证据证明投标人低于成本价竞标，评标委员会应当接受该投标人的投标报价。

投标人在评标过程中根据评标委员会要求提供的澄清文件对投标人具有约束力。如果中标，澄清文件可以作为签订合同的依据，或者澄清文件可作为合同的组成部分。但是，评标委员会没有要求而投标人主动提供的澄清文件应当不予接受。

第三节　定标

定标是招标人最后决定中标人的行为。招标人应当依据评标委员会的评标报告，并从其中推荐的中标候选人中确定中标人，也可以授权评标委员会直接定标。

一、确定中标人的原则

确定中标人应遵循以下几个原则：

（1）确定中标人的权利归属招标人的原则。评标委员会负责评标工作，但确定中标人的权利归属招标人。一般情况下，评标委员会只负责推荐合格中标候选人。招标人可以自己直接行使，也可以授权评标委员会直接确定中标人。

（2）确定中标人的权利受限原则。使用国有资金投资或者国家融资的依法进行招标的工程建设施工项目，招标人只能确定排名第一的中标候选人为中标人。

二、确定中标人的程序

采用最低评标价法的，按投标报价由低到高顺序排列。投标报价相同的，按技术指标优劣顺序排列。

采用综合评分法的，按评审后得分由高到低顺序排列。得分相同的，按投标报价由低到高顺序排列。得分且投标报价相同的，按技术指标优劣顺序排列。

（1）招标人自行或者授权评标委员会确定中标人。招标人应当接受评标委员会推荐的中标候选人，不得在评标委员会推荐的中标候选人之外确定中标人。

依法必须进行招标的项目，招标人应当确定排名第一的中标候选人为中标人。排名第一的中标候选人放弃中标、因不可抗力提出不能履行合同，或者招标文件规定应当提交履约保证金而在规定的期限内未能提交的，招标人可以确定排名第二的中标候选人为中标人。

（2）招标人确定中标人的时限要求。评标和定标应当在投标有效期结束日 30 个工作日前完成。不能在投标有效期结束日 30 个工作日前完成评标和定标的，招标人应当通知所有投标人延长投标有效期。拒绝延长投标有效期的投标人有权收回投标保证金。同意延长投标有效期的投标人应当相应延长其投标担保的有效期，但不得修改投标文件的实质性内容。因延长投标有效期造成投标人损失的，招标人应当给予补偿，但因不可抗力需延长投标有效期的除外。

（3）中标结果公示或者公告。为了体现招标投标中的公平、公正、公开的原则，且便于社会的监督，确定中标人后，中标结果应当公示或者公告。

各地应当建立中标候选人的公示制度。采用公开招标的，在中标通知书发出前，要将预中标人的情况在该工程项目招标公告发布的同一信息网络和建设工程交易中心予以公示，公示的时间最短应当不少于 2 个工作日。

建设行政主管部门自收到书面报告之日起 5 日内未通知招标人在招标投标活动中有违法行为的，招标人可以向中标人发出中标通知书，并将中标结果通知所有未中标的投标人。

（4）发出中标通知书。公示结束后，招标人应当向中标人发出中标通知书，告知中标人中标的结果，并同时将中标结果通知所有未中标的投标人。

（5） 订立合同。中标通知书发出后，招标人与中标人订立合同。订立合同前，中标人应当提交履约担保。

（6） 投标保证金的退还。招标人一般应在招标活动结束之后，及时返还投标人的投标保证金，但投标人有招标文件规定投标保证金不予退还的行为除外。

①投标保证金的正常退还招标人与中标人签订合同后5个工作日内，应当向中标人和未中标的投标人一次性退还投标保证金。

②投标保证金不予退还。中标通知书发出后，中标人放弃中标项目的，无正当理由不与招标人签订合同的，在签订合同时向招标人提出附加条件或者更改合同实质性内容的，或者拒不提交所要求的履约保证金的，招标人可取消其中标资格，并没收其投标保证金；给招标人造成的损失超过投标保证金数额的，中标人应当对超过部分予以赔偿；没有提交投标保证金的，应当对招标人的损失承担赔偿责任。

三、中标通知书

按照合同法的规定，发出招标公告和投标邀请书是要约邀请，递交投标文件是要约，发出中标通知书是承诺。中标通知书的发出不但是将中标的结果告知投标人，还将直接导致合同的成立。

中标通知书发出后，合同在实质上已经成立，招标人改变中标结果，或者中标人放弃中标项目，都应当承担违约责任。中标通知书的法律效力主要有以下三点。

（一）中标人放弃中标项目

中标人一旦放弃中标项目，必将给招标人造成损失，如果没有其他中标候选人，招标人一般需要重新招标，完工期限肯定要推迟。即使有其他中标候选人，其他中标候选人的条件也往往不如原定的中标人。因此招标文件往往要求投标人提交投标保证金，如果中标人放弃中标项目，招标人可以没收投标保证金。如果投标保证金不足以弥补招标人的损失，招标人可以继续要求中标人赔偿损失。

（二）招标人改变中标结果

招标人改变中标结果，拒绝与中标人订立合同，也必然给中标人造成损失。中标人的损失既包括准备订立合同的支出，甚至有可能有合同履行准备的损失。因为中标通知书发出后，合同在实质上已经成立，中标人应当为合同的履行进行准备，包括准备设备、人员、材料等。但除非在招标文件中明确规定，不能把投标保证金同时视为招标人的违约金，即投标保证金只有单向的保证投标人不违约的作用。因此，中标人要求招标人承担赔偿损失的责任，只能按照中标人的实际损失进行计算，要求招标人赔偿。

（三）招标人的告知义务

中标人确定后，招标人不但应当向中标人发出中标通知书，而且应同时将中标结果通知所有未中标的投标人。

第四节　签订合同

一、签订合同的原则

通常签订合同时，谈判双方都应遵循以下几点原则：

（1）平等原则。合同当事人的法律地位平等，即享有民事权利和承担民事义务的资格是平等的，一方不得将自己的意志强加给另一方。

（2）自愿原则。合同当事人依法享有自愿订立合同的权利，不受任何单位和个人的非法干预。

（3）公平原则。合同当事人应当遵循公平原则确定各方的权利和义务。在合同的订立和履行中，合同当事人应当正当行使合同权利和履行合同义务，兼顾他人利益，使当事人的利益能够均衡。

（4）诚实信用原则。合同当事人在订立合同、行使权利、履行义务中，都应当遵循诚实信用原则。这是市场经济活动中形成的道德规则，它要求人们在交易活动（订立和履行合同）中讲究信用，恪守诺言，诚实不欺。

（5）合法性原则。合同当事人在订立及履行合同时，合同的形式和内容等各构成要件必须符合法律的要求，不违背社会公共利益，不扰乱社会经济秩序。

二、签订合同的要求

通常，谈判双方在签订合同时必须遵守以下几点要求：

（1）订立合同的形式要求。按照《招标投标法》的规定，招标人和中标人应当自中标通知书发出之日起 30 日内，按照招标文件和中标人的投标文件订立书面合同。所有的合同内容都应当在招标文件中有体现：一部分合同内容是确定的，不容投标人变更的，如技术要求等，否则就构成重大偏差；另一部分要求投标人明确的，如报价。投标文件只能按照招标文件的要求编制，因此，如果出现合同应当具备的内容，招标文件没有明确，也没有要求投标文件明确，则责任应当由招标人承担。

（2）订立合同的内容要求。书面合同订立后，招标人和中标人不得再行订立背离合同实质性内容的其他协议。对于建设工程施工合同，最高人民法院的司法解释规定，当事人

就同一建设工程另行订立的建设工程施工合同与经过备案的中标合同实质性内容不一致的，应当以备案的中标合同作为结算工程价款的根据。

（3）订立合同的时间要求。招标人和中标人应自中标通知书发出之日起 30 日内，按照招标文件和中标人的投标文件订立书面合同。

（4）订立合同接受监督的要求。订立合同接受监督的要求有以下两点：

①书面报告的内容。书面报告的内容包括：招标范围；招标方式和发布招标公告的媒介；招标文件中投标人须知、技术条款、评标标准和方法、合同主要条款等内容；评标委员会的组成和评标报告；中标结果。

②合同备案制度。合同备案是指当事人订立书面合同后 7 日内，将合同送工程所在地的县级以上地方人民政府建设行政主管部门备案。

（5）按照标准文件范本订立合同的要求。招标人与中标人签订施工合同一般应按照《标准施工招标文件》范本的合同条款及格式执行。

三、履约保证金

《招标投标法》中所称履约保证金实际是履约担保的通称，是指中标人或者招标人为保证履行合同而向对方提交的资金担保。在招标投标实践中，常见的是中标人向招标人提交的履约担保。

（一）提交履约保证金的形式

履约保证金其形式有多种，既可能是中标人向招标人提交的，也可能是招标人向中标人提交的，最主要的方式是履约保证。如果是招标人向中标人保证的，一般情况是支付担保。

按照习惯，履约保证又可以分为两类：一类是银行出具的履约保函；一类是银行以外的其他保证人出具的履约保证书。银行以外的其他保证人往往是专业化的担保公司。履约保函又可以分为有条件保函和无条件保函。除了保证以外，中标人以支票、汇票、存款单为质押，作为履约保证金的也很常见。

招标人要求中标人提供履约保证金或其他形式履约担保的，招标人应当同时向中标人提供工程款支付担保。

履约保证金的金额、担保形式、格式由招标文件规定。联合体中标的，其履约担保由牵头人递交。

（二）不提交履约保证金的法律后果

招标文件要求中标人提交履约保证金或者其他形式履约担保的，中标人拒绝提交的，视为放弃中标项目。此时，招标人可以选择其他中标候选人作为中标人。原中标人的投标保证金不予退还；给招标人造成的损失超过投标保证金数额的，原中标人还应当对超过部分予以赔偿。

招标人不履行与中标人订立的合同的，应当双倍返还中标人的履约保证金；给中标人造成的损失超过返还的履约保证金的，还应当对超过部分予以赔偿；没有提交履约保证金的，应当对中标人的损失承担赔偿责任。

【实训 1】模拟某工程施工招标项目的开标会

一、实训目的

通过工程施工开标、评标、定标全过程的模拟训练，使学生熟悉工程招标选择施工单位的程序，为综合训练奠定基础，使学生毕业后具有在工程招投标公司、建设单位、施工单位从事招标投标相关工作的能力。

二、实训方式及内容

学生在教师指导下分组，步骤如下：

（1）学生分组：选择四名学生，其中一名学生为业主代表，一名学生为唱标人，一名学生为监标人，一名学生为记标人。在剩下的学生中抽取四名评标委员会成员（两名负责技术标评审，两名负责商务标评审），将余下的学生每 4~6 个人分为一组为投标人代表。

（2）业主代表和通过抽签的四名学生组成评标专家委员会。

（3）教师提前准备招标文件、投标文件，然后分发给投标人代表小组，做好开标准备。

（4）业主代表主持开标会议进行开标，唱标人宣读投标报价、监标人监督投标报价、记标人记录投标报价。

（5）各投标人代表认真阅读招标文件、投标文件。

（6）投标人代表就评标委员会提出的问题进行澄清解答。

（7）评标专家委员会完成投标文件评审。

（8）业主代表宣布中标结果。

三、实训要求

实训结束后，以小组为单位完成训练总结。

【实训 2】模拟签订建设工程施工合同

一、实训目的

通过中(小)型规模的建筑工程专项训练，使学生体验建设工程施工合同的签订程序，熟悉建设工程施工合同内容及相关法律规定。具备完成简单建设工程施工合同谈判、签订合同的能力。为学生毕业后从事施工企业合同员岗位奠定基础。

二、实训方式

学生在教师指导下，以小组为单位分成建设单位和施工单位，模拟建设工程施工合同谈判、签订合同过程。具体步骤如下：

(1) 准备工作：一个中（小）型规模的建筑工程。

①招标文件；②施工图纸；③投标文件；④中标通知书；⑤模拟签订合同场地。

(2) 组建建设单位和施工单位合同签订小组。

(3)熟悉招标文件、投标文件、中标通知书等内容，了解工程的性质和企业双方情况。

(4) 熟悉、理解《行业标准施工招标文件》中的通用合同条款。

(5) 草拟《行业标准施工招标文件》中的专用合同条款。

(6) 对合同有争议的条款进行协商。

(7) 订立施工合同。

三、实训内容和要求

(1) 各组制定模拟签订建设工程施工合同的工作计划。

(2) 各组做好学习日记。

(3) 在教师指导下，每一组独立完成承发包工程。

(4) 采用《行业标准施工招标文件》合同标准，在教学规定的实训时间内完成全部实训任务。

(5) 实训总结。

四、注意事项

(1) 合同文件应尽量详细和完善。

(2) 尽量采用标准的专业术语。

(3) 充分发挥学生的积极性、主动性和创造性。

【引例分析】

【答】这种情况涉及到两个问题：①如果招标人否决合法，而评委不否决不合法，那么必须提交监督管理部门认定，如果评委确实存在不履行职能评标的，一是追究法律责任，二是更换评委；②如果招标人否决没有法律依据或招标文件规定不明导致歧义的，按照少数服从多数原则，招标人代表应该服从评标委员会的意见。

如果在详细评审中评标标准涉及到本问题量化分数时，招标人代表有权对这一部分打零分，但对其他评审部门要实事求是地按照招标文件规定的评标标准和方法进行评审和打分。坚持拒绝打分，监督管理部门应依法行使监督权。

【评标模版】

一、标段施工开标记录表

开标时间：____年___月___日___时___分　开标地点：________________

1．唱标记录

序号	投标人	密封情况	投标保证金	投标报价/元	质量目标	工期	备注	签名
	建设集团有限公司	完好	已交		合格			
	建设集团有限公司	完好	已交		合格			
	建设集团有限公司	完好	已交		合格			
	建设集团有限公司	完好	已交		合格			
招标人编制的标底（如果有）				拦标价：______万元整。				

2．开标过程中的其他事项记录

____

3．出席开标会的单位和人员（附签到表）

招标人代表：_____记录人：_____ 监标人：____

____年____月____日____时____分

二、形式评审记录表

工程名称：______________________土建工程

序号	评审因素	投标人名称及评审意见			
		_____建设集团有限公司	_____建设集团公司	_____建设工程总公司	_____建设集团有限责任公司
1	投标人名称	√	√	√	√
2	投标函签字盖章	√	√	√	√
3	投标文件格式	√	√	√	√
4	联合体投标人	√	√	√	√
5	报价唯一	√	√	√	√
评审意见		通过	通过	通过	通过

评标委员会全体成员签名：　　　　　　　　　　　　　　日期：___年____月___日

三、资格评审记录表

工程名称：______________________土建工程

序号	评审因素	投标人名称及评审意见			
		_____建设集团有限公司	_____建设集团公司	_____建设工程总公司	_____建设集团有限责任公司
1	营业执照	√	√	√	√
2	安全生产许可证	√	√	√	√
3	资质等级	√	√	√	√
4	财务状况	√	√	√	√
5	类似项目业绩	√	√	√	√
6	信誉	√	√	√	√
7	项目经理	√	√	√	√
8	其他要求	√	√	√	√
9	联合体投标人	√	√	√	√
10	……	√	√	√	√
是否通过评审		通过	通过	通过	通过

评标委员会全体成员签名：　　　　　　　　　　　　　　日期：___年___月___日

四、响应性评审记录表

工程名称：________________土建工程

序号	评审因素	投标人名称及评审意见			
		____建设集团有限公司	____建设集团公司	____建设工程总公司	____建设集团有限责任公司
1	投标内容	√	√	√	√
2	工期	√	√	√	√
3	工程质量	√	√	√	√
4	投标有效期	√	√	√	√
5	投标保证金	√	√	√	√
6	权利义务	√	√	√	√
7	已标价工程量清单	√	√	√	√
8	技术标准和要求	√	√	√	√
9	投标价格	√	√	√	√
是否通过评审		通过	通过	通过	通过

评标委员会全体成员签名：　　　　　　　　　　　　日期：___年___月___日

五、施工组织设计评审记录表

工程名称：________________土建工程

序号	评分项目	标准分	投标人名称代码			
			____建设集团有限公司	____建设集团公司	____建设工程总公司	____建设集团有限责任公司
1	内容完整性和编制水平	4	4	4	4	4
2	施工方案与技术措施	6	5	5.5	4.5	4
3	质量管理体系与措施	5	5	5	4	4
4	安全管理体系与措施	4	4	4	3	4
5	环境保护管理体系与措施	4	3.5	4	4	3.5
6	工程进度计划与措施	4	3	3	3	3
7	资源配备计划	3	3	3	3	3
8	……					
施工组织设计得分合计 A（满分 30）			27.5	28.5	25.5	25.5

评标委员会成员签名：　　　　　　　　　　　　日期：___年___月___日

六、项目管理机构评审记录表

工程名称：____________________土建工程

序号	评分项目	标准分	投标人名称代码			
			____建设集团有限公司	____建设集团公司	____建设工程总公司	____建设集团有限责任公司
1	项目经理任职资格与业绩	4	4	3	3	3
2	技术负责人资格与业绩	4	3.5	3.5	2	3.5
3	其他主要人员	2	2	2	2	2
项目管理机构得分合计 B（满分 10）			9.5	8.5	7	8.5

评标委员会成员签名：　　　　　　　　日期：___年___月___日

七、投标报价评分记录表

工程名称：____________________土建工程　　　　人民币：万元

项目	投标人名称			
	____建设集团有限公司	____建设集团公司	____建设工程总公司	____建设集团有限责任公司
投标报价				
偏差率				
投标报价得分 C（满分 55 ）				
基准价				
标底（如果有）	拦标价：________万元			

评标委员会成员签名：　　　　　　　　日期：___年___月___日

备注：采用分项报价分别评分的，每个分项报价的评分分别使用一张本表格进行评分。招标人应参照本表格式另行制订投标报价评分汇总表供投标报价评分结果汇总使用。相应地，招标人应当调整“投标文件格式”中“投标函”的格式，投标函中应分别列出投标总报价以及各个分项的报价，以方便开标唱标。

八、其他因素评审记录表

工程名称：＿＿＿＿＿＿＿＿土建工程

序号	评分项目	标准分	投标人名称代码			
			＿＿建设集团有限公司	＿＿建设集团公司	＿＿建设工程总公司	＿＿建设集团有限责任公司
1	投标报价合理性	5	4.25	4	4.25	3.25
2	……					
3	……					
4	……					
5	……					
6	……					
7	……					
8	……					
其他因素得分合计 D（满分＿5＿）		5	4.25	4	4.25	3.25

评标委员会成员签名：　　　　　　　　　　　　日期：＿年＿月＿日

九、详细评审评分汇总表

工程名称：＿＿＿＿＿＿＿＿土建工程

序号	评分项目	分值代码	投标人名称代码			
			＿＿建设集团有限公司	＿＿建设集团公司	＿＿建设工程总公司	＿＿建设集团有限责任公司
1	施工组织设计	A	27.5	28.5	25.5	25.5
2	项目管理机构	B	9.5	8.5	7	8.5
3	投标报价	C	53.18	49.65	53.29	42.83
4	其他因素	D	4.25	4	4.25	3.25
详细评审得分合计			94.43	90.65	90.04	80.08

评标委员会成员签名：　　　　　　　　　　　　日期：＿年＿月＿日

十、评标结果汇总表

工程名称：____________土建工程

评委序号和姓名	投标人名称(或代码)及其得分			
	____建设集团有限公司	____建设集团公司	____建设工程总公司	____建设集团有限责任公司
1：____	14	14.5	12.5	12
2：____	13.5	14	13	13.5
3：____	9.5	8.5	7	8.5
4：____	53.18	49.65	53.29	42.83
5：____	4.25	4	4.25	3.25
6：____				
7：____				
各评委评分合计	94.43	90.65	90.04	80.08
各评委评分平均值				
投标人最终排名次序	1	2	3	4

评标委员会全体成员签名： 日期：___年___月___日

十一、算术错误分析及修正记录表

投标人名称：____________建设集团有限公司

序号	子目名称	投标价格	算术正确投标价	差额（代数值）	有关事项备注
1	无				
2					
3					
4					
5					
6					
7					
8					
A 值（代数值）					

评标委员会成员签名： 日期：___年___月___日

十二、错项漏项分析及修正记录表

投标人名称：________建设集团有限公司

编号	子目名称	投标价格	合理投标价	差额（代数值）	有关事项备注
1	无				
2					
3					
4					
5					
6					
7					
8					
	B 值（代数值）				

评标委员会成员签名：　　　　　　　　　　　　日期：___年___月___日

十三、分部分项工程量清单子目单价分析及修正记录表

投标人名称：________建设集团有限公司

编号	子目名称	明显不合理的价格	修正后的价格	差 额	证明情况及修正理由	有关疑问事项备注
1	无					
2						
3						
4						
5						
6						
7						
		C 值（代数值）				

评标委员会成员签名：　　　　　　　　　　　　日期：___年___月___日

十四、措施项目和其他项目工程量清单价格分析及修正记录表

投标人名称：＿＿＿＿＿＿＿＿＿＿建设集团有限公司

编号	子目名称	明显不合理的价格	修正后的价格	差 额	证明情况及修正理由	有关疑问事项备注
	无					
D 值（代数值）						

评标委员会成员签名：　　　　　　　　　　　　　日期：＿年＿月＿日

十五、企业管理费、利润及税金和规费完整性分析及修正记录表

投标人名称：＿＿＿＿＿＿＿＿＿＿建设集团有限公司

项　目	企业管理费		利　润		税金和规费	
	投标价格	实际	投标价格	实际	投标价格	实际
比较栏						
差　额	E 值		F 值		G 值	
分析计算						
有关疑问事项备注						

评标委员会成员签名：　　　　　　　　　　　　　日期：＿年＿月＿日

十六、不平衡报价分析及修正记录表

投标人名称：________建设集团有限公司

编号	子目名称	存在不平衡的单价	修正后的平衡单价	单价差值（代数值）	工程量	差额	有关疑问事项备注
	无						
H值（代数值）							

评标委员会成员签名：　　　　　　　　　　　　日期：___年___月___日

十七、投标报价之修正差额汇总表

投标人名称：________建设集团有限公司

序号	差值代号	差额代数值		修正理由及有关事项说明
		评审后	澄清后修正	
1	A			
2	B			
3	C			
4	D			
5	E			
6	F			
7	G			
8	H			
合计		Δ1：	Δ2：	
备注	本表修正的计算应附详细分析计算表。			

评标委员会成员签名：　　　　　　　　　　　　日期：___年___月___日

十八、成本评审结论记录表

投标人名称：____________建设集团有限公司

<table>
<tr><th>序号</th><th>项目名称</th><th>金额/元</th><th>比较结果</th><th>备注</th></tr>
<tr><td>1</td><td>澄清后最终差额Δ2</td><td></td><td rowspan="2"></td><td rowspan="2"></td></tr>
<tr><td>2</td><td>投标利润额</td><td></td></tr>
<tr><td colspan="5">比较后需投标人澄清和说明的主要事项概要：</td></tr>
<tr><td colspan="5">投标人澄清、说明、补正和提供进一步证明的情况说明：</td></tr>
<tr><td colspan="2">评审结论</td><td colspan="3">□低于成本　　□不低于成本</td></tr>
<tr><td colspan="2">评审意见概要</td><td colspan="3"></td></tr>
<tr><td colspan="2">评标委员会全体
成员签名</td><td colspan="3">年　月　日</td></tr>
</table>

十九、问题澄清通知

编号：________

____________建设集团有限公司（投标人名称）：________

____________土建工程施工（二）标段施工招标的评标委员会，对你方的投标文件进行了仔细的审查，现需你方对本通知所附质疑问卷中的问题以书面形式予以澄清、说明或者补正。

请将问题的澄清、说明或者补正于____年____月____日____时前密封递交至（详细地址）或传真至__________（传真号码）。采用传真方式的，应在____年___月__日时前将原件递交至________（详细地址）。

附件：质疑问卷

____________土建工程施工（二）标段施工招标评标委员会

（经评标委员会授权的招标人代表签字或招标人加盖单位章）

___年___月___日

二十、问题的澄清、说明或补正

编号：______________

________________土建工程施工招标评标委员会：

问题澄清通知（编号：________）已收悉，现澄清、说明或者补正如下：

1. ________________________

2. ________________________

……

投标人：_______建设集团有限公司（盖单位章）

法定代表人或其委托代理人：_________（签字）

____年____月____日

二十一、中标通知书

_____________________（中标人名称）：

你方于____年___月___日（投标日期）所递交的______________________土建工程施工投标文件已被我方接受，被确定为中标人。

中标价：________万元。

工　　期：____________日历天。

工程质量：符合 国家标准验收合格 标准。

项目经理：________（姓名）。

请你方在接到本通知书后的______日内到________（指定地点）与我方签订施工承包合同，在此之前按招标文件“投标人须知”第 7.3 款规定向我方提交履约担保。

特此通知。

招标人：_____________________房地产开发有限公司（盖单位章）

法定代表人：_______（签字）

____年___月___日

【本章小结】

本章主要对开标、评标、定标及签订合同做了比较详细的阐述。

本章的主要内容包括开标的时间、地点、参与人、准备工作、程序及注意事项；评标的原则、纪律、准备工作、工程流程及方法；投标文件的澄清和说明；确定中标人的原则

及程序，中标通知书；签订合同的原则及要求，履约保证金等。通过本章学习，读者可以了解开标的准备工作、程序及注意事项；熟悉评标的原则、方法及程序；掌握中标通知书的性质及法律效力；熟悉签订合同的原则及要求。

【本章习题】

1．开标的准备工作有哪些？
2．开标的注意事项是什么？
3．评标专家的条件有哪些？
4．评标的准备工作有哪些？
5．确定中标人的原则是什么？
6．签订合同的原则是什么？

第四章 合同管理

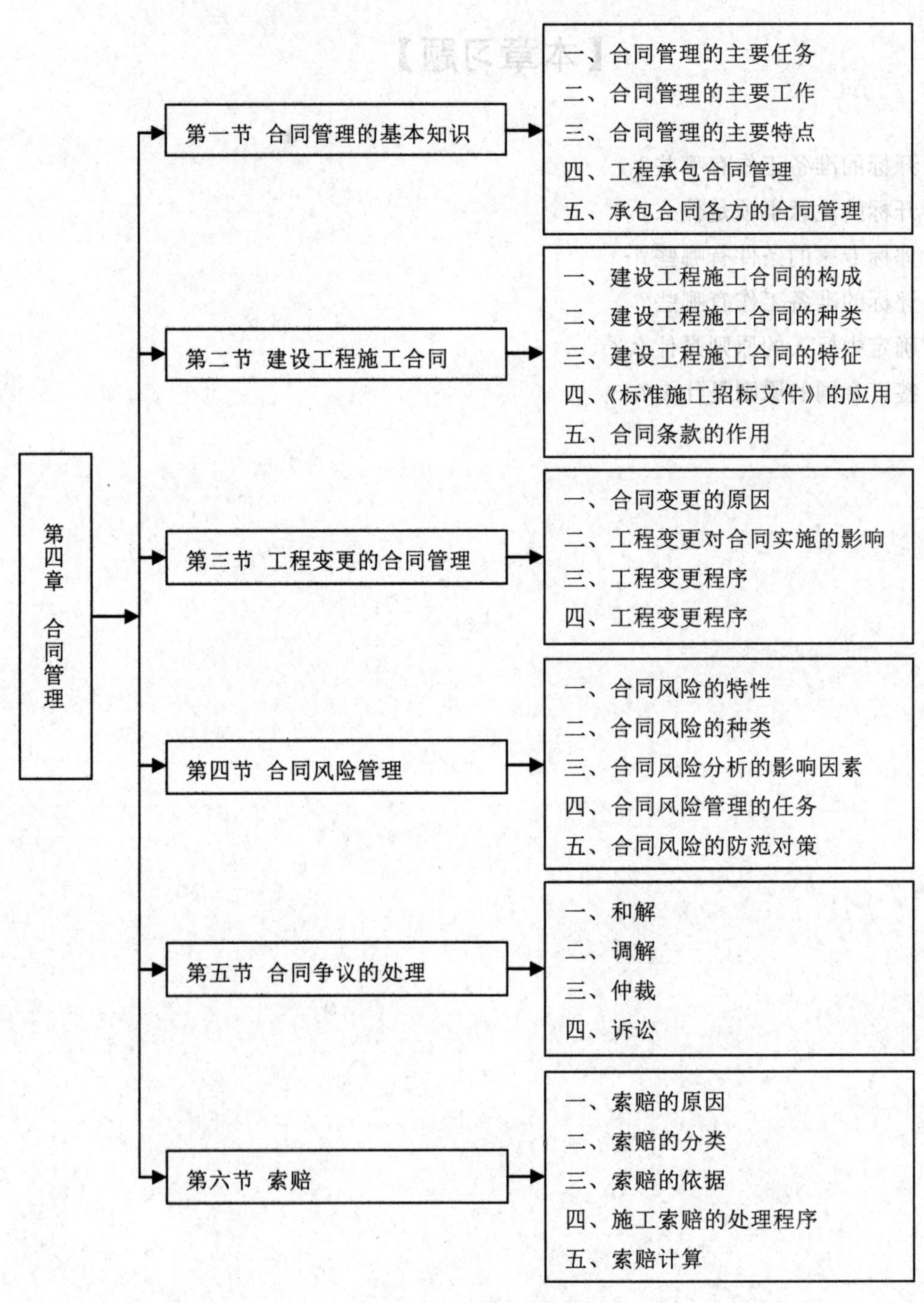

第四章 结构图

【学习目标】

- 了解建设工程施工合同的构成；
- 掌握建设工程施工合同的种类及特征；
- 掌握工程变更的程序及管理；
- 掌握合同管理的主要任务、工作及特点；
- 熟悉合同风险的管理；
- 熟练掌握合同争议的处理；
- 熟练掌握索赔的分类及依据；
- 熟练掌握费用索赔的计算方法。

【本章引例】

A 施工单位根据领取的某 2000 m^2 两层厂房工程项目招标文件和全套施工图纸，采用低报价策略编制了投标文件，并获得中标。该施工单位（乙方）于××××年×月×日于 B 建设单位（甲方）签订了该工程项目的固定价格施工合同。合同工期为 8 个月。甲方在乙方进入施工现场后，因资金紧缺，无法如期支付工程款，口头要求乙方暂停施工一个月。乙方亦口头答应。工程按合同规定期限验收时，甲方发现工程质量有问题，要求返工。两个月后，返工完毕。结算时甲方认为乙方延迟交付工程，应按合同约定偿付逾期违约金。乙方认为临时停工是甲方要求的。乙方为抢工期，加快施工进度才出现了质量问题，因此延迟交付的责任不在乙方。甲方则认为临时停工和不顺延工期是当时乙方答应的。乙方应履行承诺，承担违约责任。

【问题 1】该工程采用固定价格合同是否合适？

【问题 2】该施工合同的变更形式是否妥当？此合同争议依据合同法律规范应作如何处理？

第一节　合同管理的基本知识

工程施工过程是承包合同的实施过程。要使合同顺利实施，合同双方必须共同完成各自的合同责任。在这一阶段承包商的根本任务要由项目部来完成，即项目部要按合同圆满地施工。

一个不利的合同，如条款苛刻、权利和义务不平衡、风险大，确定了承包商在合同实施中的不利地位和败势。这使得合同实施和合同管理很为艰难。但通过有力的合同管理可以减轻损失或避免更大的损失。一个有利的合同，如果在合同实施过程中管理不善，同样也不会有好的工程经济效益。

一、合同管理的主要任务

项目经理和企业法定代表人签订项目管理目标责任书后，项目经理部合同工程师、合同管理员向各工程小组负责人和分包商人员学习和分析合同，进行合同交底。项目经理部着手进行施工准备工作。现场的施工准备一经开始，合同管理的工作重点就转移到施工现场，直到工程全部结束。

在工程施工阶段合同管理的基本目标是：全面地完成合同责任，按合同规定的工期、质量、造价要求完成工程。在整个工程施工过程中，合同管理的主要任务如下：

（1）签订好分包合同、各类物资的供应合同及劳务分包合同，保证项目顺利实施。

（2）给项目经理和项目管理职能人员、各工程小组、所属分包商在合同关系上予以帮助，工作上进行指导，如经常性地解释合同，对来往信件、会谈纪要等进行合同法律审查。

（3）对工程实施进行有力的合同控制，保证项目部正确履行合同，保证整个工程按合同、按计划，有步骤、有秩序地施工，防止工程中的失控现象。

（4）及时预见和防止合同问题，以及由此引起的各种责任，防止合同争执和避免合同争执造成的损失。对因干扰事件造成的损失进行索赔，同时又应使承包商免于对干扰事件和合同争执的责任，处于不能被索赔的地位（即反索赔）。

（5）向各级管理人员和向业主提供工程合同实施的情况报告，提供用于决策的资料、建议和意见。

在施工阶段合同管理的内容比较广泛但重点应放在承包商与业主签订的工程承包合同上，它是合同管理的核心。

二、合同管理的主要工作

合同管理的主要工作有以下几个方面：

（1）建立合同实施的保证体系，以保证合同实施过程中的一切日常事务性工作有秩序地进行，使工程项目的全部合同事件处于控制中，保证合同目标的实现。

（2）监督工程小组和分包商按合同施工，并做好各分合同的协调和管理工作。以积极合作的态度完成自己的合同责任，努力做好自我监督。

同时也应督促和协助业主和工程师完成他们的合同责任，以保证工程顺利进行。许多工程实践证明，合同所规定的权力，只有靠自己努力争取才能保证其行使，防止被侵犯。如果承包商自己放弃这个努力，虽然合同有规定，但也不能避免损失。例如承包商合同权益受到侵犯，按合同规定业主应该赔偿，但如果承包商不提出要求（如不会索赔，不敢索赔，超过索赔有效期，没有书面证据等），则承包商权力得不到保护，索赔无效。

（3）对合同实施情况进行跟踪。收集合同实施的信息，收集各种工程资料，并做出相应的信息处理；将合同实施情况与合同分析资料进行对比分析，找出其中的偏离，对合同履行情况做出诊断；向项目经理提出合同实施方面的意见、建议，甚至警告。

（4）进行合同变更管理。这里主要包括参与变更谈判，对合同变更进行事务性处理，落实变更措施，修改变更相关的资料，检查变更措施落实情况。

（5）日常的索赔和反索赔。这里包括两个方面：①与业主之间的索赔和反索赔；②与分包商及其他方面之间的索赔和反索赔。

三、合同管理的主要特点

通常，合同管理的主要特点有以下几个：

（1）合同管理期限长。由于工程承包活动是一个渐进的过程，工程施工工期长，这使得承包合同生命期长。它不仅包括施工期，而且包括招标投标和合同谈判以及保修期，所以一般至少两年，长的可达 5 年或更长的时间。合同管理必须在从领取标书直到合同完成并失效这么长的时间内连续地、不间断地进行。

（2）合同管理的效益性。由于工程价值量大，合同价格高，使合同管理的经济效益显著。合同管理对工程经济效益影响很大。合同管理得好，可使承包商避免亏本，盈得利润，否则，承包商要蒙受较大的经济损失。这已为许多工程实践所证明。对于正常的工程，合同管理成功和失误对工程经济效益产生的影响之差能达工程造价的 10%。合同管理中稍有失误即会导致工程亏本。

（3）合同管理的动态性。由于工程过程中内外的干扰事件多，合同变更频繁。常常一个稍大的工程，合同实施中的变更能有几百项。合同实施必须按变化了的情况不断地调整，因此，在合同实施过程中，合同控制和合同变更管理显得极为重要，这要求合同管理必须是动态的。

（4）合同管理的复杂性。合同管理工作极为复杂、繁琐，是高度准确和精细的管理。其原因是：

①现代工程体积庞大，结构复杂，技术标准、质量标准高，要求相应的合同实施的技术水平和管理水平高。

②工程的参加单位和协作单位多，即使一个简单的工程就涉及业主、总包、分包、材料供应商、设备供应商、设计单位、监理单位、运输单位、保险公司、银行等十几家甚至几十家。各方面责任界限的划分，在时间上和空间上的衔接和协调极为重要，同时又极为复杂和困难。

③现代工程合同条件越来越复杂，这不仅表现在合同条款多，所属的合同文件多，也

表现在与主合同相关的其他合同多。例如，在工程承包合同范围内可能有许多分包、供应、劳务、租赁、保险合同，它们之间存在极为复杂的关系，形成一个严密的合同网络。

④合同实施过程复杂，从购买标书到合同结束必须经历许多过程。签约前要完成许多手续和工作；签约后进行工程实施，有许多次落实任务，检查工作，会签，验收。要完整地履行一个承包合同，必须完成几百个甚至几千个相关的合同事件，从局部完成到全部完成。在整个过程中，稍有疏忽就会导致前功尽弃，造成经济损失。所以必须保证合同在工程的全过程和每一个环节上都顺利实施。

⑤在工程施工过程中，大量的合同相关文件、各种工程资料在合同管理中必须取得、处理、使用、保存这些文件和资料。

（5）合同管理的风险性。由于工程实施时间长，涉及面广，受外界环境的影响大，如经济条件、社会条件、法律和自然条件的变化等。这些因素承包商难以预测，不能控制，但都会妨碍合同的正常实施，造成经济损失。

合同本身常常隐藏着许多难以预测的风险。由于建筑市场竞争激烈，不仅导致报价降低，而且业主常常提出一些苛刻的合同条款，如单方面约束性条款和责权利不平衡条款，甚至有的业主包藏祸心，在合同中用不正常手段坑人。承包商对此必须有高度的重视，并有对策，否则必然会导致工程失败。

（6）合同管理的特殊性。合同管理作为工程项目管理一项管理职能，有它自己的职责和任务。但它又有其特殊性：

①由于它对项目的进度控制、质量管理、成本管理有总控制和总协调作用，所以它又是综合性的全面的高层次的管理工作。

②合同管理要处理与业主，与其他方面的经济关系，所以它又必须服从企业经营管理，服从企业战略，特别在投标报价、合同谈判、合同执行战略的制定和处理索赔问题时，更要注意这个问题。

四、工程承包合同管理

工程承包合同管理指工程承包合同双方当事人在合同实施过程中自觉地、认真严格地遵守所签订的合同的各项规定和要求，按照履行各自的义务、维护各自的权利，发扬协作精神，处理好伙伴关系，做好各项管理工作，使项目目标得到完整的体现。

虽然工程承包合同是业主和承包商双方的一个协议，包括若干合同文件，但合同管理的深层涵义，应该引伸到合同协议签订之前，从下面三个方面来理解合同管理，才能做好合同管理工作：

（1）做好合同签订前的各项准备工作。虽然合同尚未签订，但合同签订前各方的准备工作，对做好合同管理至关重要。业主一方的准备工作包括合同文件草案的准备、各项招标工作的准备，做好评标工作，特别是要做好合同签订前的谈判和合同文稿的最终定稿。

合同中既要体现出在商务上和技术上的要求，有严谨明确的项目实施程序，又要明确合同双方的义务和权利，对风险的管理要按照合理分担的精神体现到合同条件中去。

业主方的另一个重要准备工作是选择好监理工程师。最好能提前选定监理单位，以使监理工程师能够参与合同的制订、谈判、签约等过程，依据他们的经验，提出合理化建议，使合同的各项规定更为完善。

承包商一方在合同签订前的准备工作主要是制定投标战略，作好市场调研，在买到招标文件之后，要认真细心地分析研究招标文件，以便比较好地理解业主方的招标要求。在此基础上，一方面可以对招标文件中不完善以至错误之处向业主方提出建议，另一方面也必须做好风险分析，对招标文件中不合理的规定提出自己的建议，并力争在合同谈判中对这些规定进行适当的修改。

（2）加强合同实施阶段的合同管理。这一阶段是实现合同内容的重要阶段，也是一个相当长的时期。在这个阶段中合同管理的具体内容十分丰富，而合同管理的好坏直接影响到合同双方的经济利益。

（3）提倡协作精神。合同实施过程中应该提倡项目中各方的协作精神，共同实现合同的既定目标。在合同条件中，合同双方的权利和义务有时表现为相互间存在矛盾，相互制约的关系，但实际上，实现合同标的必然是一个相互协作解决矛盾的过程，在这个过程中工程师起着十分重要的协调作用。一个成功的项目，必定是业主、承包商以及工程师按照一种项目伙伴关系，以协作的团队精神来共同努力完成项目。

五、承包合同各方的合同管理

承包合同各方的合同管理包括业主对合同的管理、承包商的合同管理和监理工程师的合同管理。

（一）业主对合同的管理

业主对合同的管理主要体现在施工合同的前期策划和合同签订后的监督方面。业主要为承包商的合同实施提供必要的条件；向工地派驻具备相应资质的代表，或者聘请监理单位及具备相应资质的人员负责监督承包商履行合同。

（二）承包商的合同管理

承包商的合同管理是最细致、最复杂，也是最困难的合同管理工作，我们主要以它作为论述对象。

在市场经济中，承包商的总体目标是通过工程承包获得盈利。这个目标必须通过两步来实现：

（1） 通过投标竞争，战胜竞争对手，承接工程，并签订一个有利的合同。

（2）在合同规定的工期和预算成本范围内完成合同规定的工程施工和保修责任，全面地正确地履行自己的合同义务，争取盈利。同时，通过双方圆满的合作，工程顺利实施，承包商赢得了信誉，为将来在新的项目上的合作和扩展业务奠定基础。

这要求承包商在合同生命期的每个阶段都必须有详细的计划和有力的控制，以减少失误，减少双方的争执，减少延误和不可预见费用支出。这一切都必须通过合同管理来实现。

承包合同是承包商在工程中的最高行为准则。承包商在工程施工过程中的一切活动都是为了履行合同责任。所以，广义地说，承包工程项目的实施和管理全部工作都可以纳入合同管理的范围。合同管理贯穿于工程实施的全过程和工程实施的各个方面。在市场经济环境中，施工企业管理和工程项目管理必须以合同管理为核心。这是提高管理水平和经济效益的关键。

但从管理的角度出发，合同管理仅被看作项目管理的一个职能，它主要包括项目管理中所有涉及到合同的服务性工作。其目的是，保证承包商全面地、正确地、有秩序地完成合同规定的责任和任务，它是承包工程项目管理的核心和灵魂。

（三）监理工程师的合同管理

业主和承包商是合同的双方，监理单位受业主雇佣为其监理工程，进行合同管理。负责进行工程的进度控制、质量控制、投资控制以及做好协调工作。他是业主和承包商合同之外的第三方，是独立的法人单位。

监理工程师对合同的监督管理与承包商在实施工程时的管理的方法和要求都不一样。承包商是工程的具体实施者，他需要制定详细的施工进度和施工方法，研究人力、机械的配合和调度，安排各个部位施工的先后次序以及按照合同要求进行质量管理，以保证高速优质地完成工程。监理工程师则不去具体地安排施工和研究如何保证质量的具体措施，而是宏观上控制施工进度，按承包商在开工时提交的施工进度计划以及月计划、周计划进行检查督促，对施工质量则是按照合同中技术规范，图纸内的要求去进行检查验收。监理工程师可以向承包商提出建议，但并不对如何保证质量负责，监理工程师提出的建议是否采纳，由承包商自己决定，因为他要对工程质量和进度负责。对于成本问题，承包商要精心研究如何去降低成本，提高利润率，而监理工程师主要是按照合同规定，特别是工程量表的规定，严格为业主把住支付这一关，并且防止承包商的不合理的索赔要求，监理工程师的具体职责是在合同条件中规定的，如果业主要对监理工程师的某些职权作出限制，他应在合同专用条件中作出明确规定。

第二节　建设工程施工合同

建设工程施工合同是发包人与承包人之间为完成商定的建设工程项目，确定双方权利和义务的协议。依据施工合同，承包人应完成一定的建筑、安装工程任务，发包人应提供必要的施工条件并支付工程价款。

建设工程施工合同是建设工程合同的一种，它与其他建设工程合同一样是一种双务合同，在订立时也应遵守自愿、公平、诚实信用等原则。

一、建设工程施工合同的构成

《建设工程施工合同》由《通用合同条款》、《专用合同条款》、《合同附件格式》三部分构成。

（1）通用合同条款选用《中华人民共和国标准施工招标文件》（2007 版）通用合同条款，它是根据《合同法》、《建筑法》、《建设工程施工合同管理办法》等法律、法规对承发包双方的权利义务作出的约定，除双方协商一致对其中的某些条款作了修改、补充或删除外，双方都必须履行。它是将建设工程施工合同中共性的一些内容选用更合适的词编写的一份完整的合同文件。通用合同条款具有很强的通用性，基本适用于各类建设工程。

通用合同条款将建设工程施工合同中共性的一些内容抽象出来编写的一份完整的合同文件，由 24 个部分内容组成：一般约定；发包人义务；监理人；承包人；材料和工程设备；施工设备和临时设施；交通运输；测量放线；施工安全、治安保卫和环境保护；进度计划；开工和竣工；暂停施工；工程质量；试验和检验；变更；价格调整；计量与支付；竣工验收；缺陷责任与保修责任；保险；不可抗力；违约；索赔；争议的解决。

（2）专用合同条款选用《中华人民共和国房屋建筑和市政工程标准施工招标文件》（2010 版）（简称《行业标准施工招标文件》）专用合同条款，其主要是对通用合同条款所做的必要修改和补充，其条款项目与通用合同条款相一致，但主要是空格，由当事人根据工程的具体情况予以明确或者对通用合同条款进行修改、补充。与通用合同条款相比，专用合同条款具有以下特点：

①专用合同条款是谈判的依据。

②专用合同条款与通用合同条款相对应。

③专用合同条款的具体内容由发包人与承包人协商后将工程的具体要求填写在合同文本中。

④专用合同条款的解释优于通用合同条款。

（3）建设工程施工合同附件格式选用《行业标准施工招标文件》合同附件格式。它是对施工合同当事人的权利义务的进一步明确，并且使得施工合同当事人的有关工作一目了然，便于执行和管理。共有八个附件格式：附件一是《合同协议书》、附件二是《承包人提供的材料和工程设备一览表》、附件三是《发包人提供的材料和工程设备一览表》、附件四是《预付款担保》、附件五是《承包人履约保函》、附件六是《发包人支付保函》、附件七是《房屋建筑工程质量保修书》、附件八是《建设工程廉政责任书》。

建设工程施工合同的主要文件包括如下：

① 合同协议书；

② 中标通知书；

③ 投标函及投标函附录；

④ 专用合同条款；

⑤ 通用合同条款；

⑥ 技术标准和要求；

⑦ 图纸；

⑧ 已标价工程量清单；

⑨ 其他合同文件。

双方有关工程的洽商、变更等书面协议或文件视为施工合同的组成部分。

上述合同文件应能够互相解释、互相说明。当合同文件中出现不一致时，上面的顺序就是合同的优先解释顺序。当合同文件出现含糊不清或者当事人有不同理解时，按照合同争议的解决方式处理。

二、建设工程施工合同的种类

建设工程施工合同按照合同计价方式和风险分担情况划分，有以下四种类型。

（一）固定总价合同

合同的工程数量、单价及合同总价固定不变，由承包人包干，除非发生合同内容范围和工程设计变更及约定外的风险。这种合同计价方式一般适用于工程规模较小、技术比较简单、工期较短，且核定合同价格时已经具备完整、详细的工程设计文件和必需的施工技术管理条件的工程建设项目。工程承包人承担了大部分风险。

（二）固定单价合同

合同的各分项工程数量是估计值，合同履行中，将根据实际发生的工程数量计算调整，而各分项工程的单价是固定的。除非发生工程内容范围、数量的大量变更或约定以外的风险，才可以调整工程单价。这种合同计价方式一般适用于核定合同价格时，工程数量难以

确定的工程建设项目，工程承包人承担了工程单价风险，工程招标人承担了工程数量的风险。单价合同的极端形式是招标人不提供任何分项工程数量，工程承包双方约定各分项工程单价，故又称为纯单价合同，这种合同计价方式容易发生争议。

（三）成本加酬金合同

成本加酬金合同也称为成本补偿合同。合同价格中工程成本按照实际发生额确定支付，承包人的酬金可以按照合同双方约定的工程管理服务费、利润的固定额计算，或按照工程成本、质量、进度的控制结果挂钩奖惩的浮动比例计算。这种合同计价方式一般适用于核定合同价格时，工程内容、范围、数量不清楚或难以界定的工程建设项目。

（四）可调价格合同

可调价格合同又可以分为可调总价合同（工程数量是固定的）和可调单价合同（工程数量是预估可调整的）。两种合同的总价和各分项工程的单价可以按照合同约定的内容范围、条件、方法、因素和依据进行调整。其中，工程的人工、材料、机械等因素的价格变化可以约定依据物价部门或工程造价管理部门公布的价格或指数调整。这种合同计价方式一般适用于工程规模较大、技术比较复杂、建设工期较长，且核定合同价格时缺乏充分的工程设计文件和必需的施工技术管理条件的工程建设项目，或者因为工程建设项目建设工期较长，人工、材料、机械等要素的市场价格可能发生较大变化，合同双方为合理分担风险而需要调整合同总价或合同单价的工程建设项目。

三、建设工程施工合同的特征

建设工程施工合同的特征主要有以下四种。

（一）合同主体的严格性

建设工程的主体一般只能是法人，发包人、承包人必须具备一定的资格，才能成为建设工程合同的合法当事人，否则，建设工程合同可能因主体不合格而导致无效。发包人对需要建设的工程，应经过计划管理部门审批，落实投资计划，并且应当具备相应的协调能力。承包人是有资格从事工程建设的企业，而且应当具备相应的勘察、设计、施工等资质，没有资格证书的，一律不得擅自从事工程勘察、设计业务；资质等级低的，不能越级承包工程。

（二）合同履行的长期性

建设工程由于结构复杂、体积大、建筑材料类型多、工作量大，使得合同履行期限都较长。而且，建设工程合同的订立和履行一般都需要较长的准备期，在合同的履行过程中，还可能因为不可抗力、工程变更、材料供应不及时等原因而导致合同期限顺延。所有这些情况，决定了建设工程合同的履行期限具有长期性。

（三）形式和程序的严格性

一般合同当事人就合同条款达成一致，合同即告成立，不必一律采用书面形式。建设工程合同，履行期限长，工作环节多，涉及面广，应当采取书面形式，双方权利、义务应通过书面合同形式予以确定。此外，由于工程建设对于国家经济发展、公民工作生活有重大影响，国家对建设工程的投资和程序有严格的管理程序，建设工程合同的订立和履行也必须遵守国家关于基本建设程序的规定。

（四）合同标的物特殊性

建设工程合同的标的物是各类建筑产品，建设产品是不动产，与地基相连，不能移动，所以这就决定的了每项工程合同的标的物都是特殊的，相互间不同并且不可替代。另外，建筑产品的类别庞杂，其外观、结构、使用目的、使用人都各不相同，这就要求每一个建筑产品都需单独设计和施工，建筑产品单体性生产也决定了建设工程合同标的物的特殊性。

四、《标准施工招标文件》的应用

《标准施工招标文件》合同条款的应用主要有以下三个方面。

（一）工程价款控制条款

（1）变更的内容范围（通用合同条款第 15.1 款）。这里所指的变更是工程变更而不是合同条款变更。由于施工条件和发包人要求变化等原因，往往会发生合同约定的工程材料性质和品种、建筑物结构形式、施工工艺和方法，以及施工工期等的变动，必须变更才能维护合同公平。通用合同条款规定了五种常见的变更情形：①取消合同中任何一项工作，但被取消的工作不能转由发包人或其他人实施；②改变合同中任何一项工作的质量或其他特性；③改变合同工程的基线、标高、位置或尺寸；④改变合同中任何一项工作的施工时间或改变已批准的施工工艺或顺序；⑤为完成工程需要追加的额外工作。

上述变更情形对各建设行业均具有通用性，为维护合同的公平和保证合同的顺利履行，专用合同条款不宜删除此五种情形中的任何一项，但可以根据各行业的具体情况，补充增加其他变更情形。

（2）变更权和变更程序（通用合同条款第 15.2、15.3 款）。上述两条规定了由监理单位根据变更程序向承包人发出变更指示，并约定了提出变更的三种情形，一是监理单位认为可能要发生变更的情形，二是监理单位认为肯定要发生变更的情形，三是承包人认为可能要发生变更的情形。对于监理单位认为可能要发生变更的，监理单位可向承包人发出变更意向书，在发包人同意承包人根据变更意向书要求提交的变更实施方案的，由监理单位发出变更指示。对于监理单位认为肯定要发生变更的，由监理单位向承包人发出变更指示。对于承包人认为可能发生变更的，承包人可向监理单位提出书面变更建议，监理单位确认存在变更的，应作出变更指示。承包人收到变更指示或变更意向书后，应向监理单位提交变更报价书，监理单位应根据合同约定的估价原则，由总监理工程师与合同双方共同商订确定变更价格。该通用合同条款应被熟练掌握。

（3）变更的估价原则（通用合同条款第 15.4 款）。除专用合同条款另有约定外，因变更引起的价格调整的估价原则：已标价工程量清单中有适用于变更工作的子目的，采用该子目的单价；已标价工程量清单中无适用于变更工作地子目，但有类似子目的，可在合理范围内参照类似子目的单价，由总监理工程师与合同双方共同商定或确定变更工作的单价；已标价工程量清单中无适用或类似子目的单价，可按照成本加利润的原则，由总监理工程师与合同双方共同商定或确定变更工作的单价。

专用合同条款应根据项目的具体情况和特点约定变更的估价原则，特别是对已标价工程量清单中无适用于变更工作的子目的情况，确定单价的难度比较大，应采取合适的方式确定变更工作的单价。例如可采用由承包人或发包人提出适当的变更价格进行商议，或综合考虑在承包人投标时提供的单价分析表的基础上确定价格等；如果取消某项工作，则该项工作的价款不予支付；如果变更指示是因承包人过错、承包人违反合同或承包人责任造成的，承包人应承担这种违约引起的任何额外费用。

（4）物价波动引起的价格调整（通用合同条款第 16.1 款）。上述条款规定了两种价格调整方式，由招标人选择使用。一种是采用价格指数调整价格差额，另一种是采用造价信息调整价格差额。通用合同条款中规定因人工、材料和设备等价格波动影响合同价格时，应根据投标函附录中的价格指数和权重表约定的数据，按以下公式计算差额并调整合同价格。

$$\Delta P = P_0\left[A+\left(B_1\times\frac{F_{t1}}{F_{01}}+B_2\times\frac{F_{t2}}{F_{02}}+B_3\times\frac{F_{t3}}{F_{03}}+\cdots+B_n\times\frac{F_{tn}}{F_{0n}}\right)-1\right]$$

式中，ΔP——需调整的价格差额；

P_0——第 17.3.3 项、第 17.5.2 项和第 17.6.2 项约定的付款证书中承包人应得到的已完成工程量的金额。此项金额应不包括价格调整、不计质量保证金的扣留和支付、预付款的支付和扣回。第 15 条约定的变更及其他金额已按现行价格计价的也不计在内；

A——定值权重（即不调部分的权重）；

B_1、B_2 、$B_3 \cdots B_n$——各可调因子的变值权重（即可调部分的权重）为各可调因子在投标函投标总报价中所占的比例；

F_{t1}、F_{t2}、$F_{t3} \cdots F_{tn}$——各可调因子的现行价格指数，指第 17.3.3 项、第 17.5.2 项和第 17.6.2 项约定的付款证书相关周期最后一天的前 42 天的各可调因子的价格指数；

F_{01}、F_{02}、$F_{03} \cdots F_{0n}$——各可调因子的基本价格指数，指基准日期的各可调因子的价格指数。

专用合同条款首先应该约定是否进行价格调整。若合同约定采用固定价承包的或工期较短的，可约定承包人在投标时应充分考虑到合同在执行期间（包括工期拖延期间）人工、材料和设备价格的上涨而引起工程施工成本增加的风险，合同价格不会因此而调整。若合同约定采用可调价格合同的，专用合同条款应约定价格调整的方法。价格指数可首先采用国家或省、自治区、直辖市价格部门或统计部门提供的价格指数，缺乏上述价格指数时，可采用上述部门提供的价格代替。由招标人预先约定采用价格调整指数，能够更好地保证投标价格的可比性。价格调整公式中的变值权重，由发包人根据项目实际情况测算确定范围，并在投标函附录价格指数和权重表中约定范围，承包人应在投标时在此范围内填写各可调因子的权重，合同实施期间将按此权重进行调价。

通用合同条款对采用价格信息调整价格差额的方法仅提出了粗略的原则，如果需要采用这种方法，应在专用合同条款中提出详细的调价公式、材料价格信息来源、调价周期、需要进行价格调整的材料种类等。

（5）法律变化引起的价格调整（通用合同条款第 16.2 款）。规定在基准日后，因法律变化导致承包人在合同履行中所需的工程费用发生除物价波动引起的价格调整以外的增减时，监理单位应根据法律，国家或省、自治区、直辖市有关部门的规定，由总监理工程师与合同当事人协商或确定需调整的合同价款。

（6）计量（通用合同条款第 17.1 款）。规定了计量单位、计量方法、计量周期、单价子目的计量方法、总价子目的计量方法。

专用合同条款应根据招标项目的特点、合同的类型，约定单价子目的计量方法、总价子目的计量方法等。例如，对于总价子目的计量，计量支付的形式一般有：对于工期较短的项目，各个总价子目的价格按合同约定的计量周期平均；对于合同价值不大的项目，按照总价子目的价格占签约合同价的百分比，以及各个支付周期内所完成的单价子目的总价值，以固定百分比方式均摊支付；根据有合同约束力的进度计划、预先确定的里程碑形象进度节点（或者支付周期）、组成总价子目的价格要素的性质（与时间、方法和当期完成合同价值等的关联性），将总价子目的价格分解到各个形象进度节点（或者支付周期中），汇总形成支付分解表。实际支付时，由监理单位检查核实其实际形象进度，达到支付分解表的要求后，即可支付经批准的每阶段总价子目的支付金额。

（7）预付款（通用合同条款第 17.2 款）。规定了预付款是发包人为解决承包人在施工准备阶段资金周转问题提供的协助，性质上属于借款。预付款的额度和预付办法在专用合同条款中约定。预付款必须专用于合同工程。除专用合同条款另有约定外，承包人应在收到预付款的同时向发包人提交预付款保函，预付款保函的担保金额应与预付款金额相同。保函的担保金额可根据预付款扣回的金额相应递减。预付款在进度付款中扣回，扣回办法在专用合同条款中约定。

专用合同条款应约定预付款包括工程预付款和材料、设备预付款。其中工程预付款的额度以及扣回与还清办法应遵守《财政部、建设部关于印发〈建设工程价款结算暂行办法〉的通知》（财建「2004」369 号）和各行业主管部门有关工程预付款的具体规定。

工程预付款只能专用于本合同工程。工程预付款的总金额、分期拨付次数、每次付款金额、付款时间以及预付款担保手续等应视工程规模、工期长短、工程类型和工程量清单中子目内容等具体情况，由发包人通过编制合同资金流计划，以及参考类似工程的经验估算确定，并在专用合同条款中约定。工程预付款在进度付款中扣回办法可根据不同行业或具体项目的工程量完成进度情况，在专用合同条款中进行约定。

材料、设备预付款的金额应按招标文件规定的主要材料、设备的单据费用的百分比支付。承包人不需提供材料、设备预付款保函，但需满足专用合同条款中规定的预付条件后发包人才能支付，如材料、设备符合规范要求并经监理单位认可；承包人已出具材料、设备费用凭证或支付单据；以及材料、设备已在现场交货，且存储良好，监理单位认为材料、设备的存储方法符合要求等。当材料、设备已用于或安装在永久工程之中时，材料、设备预付款应从进度付款证书中扣回，材料、设备预付款的扣回办法可根据不同行业或具体项目的工程量完成进度情况，在专用合同条款中进行约定。

（8）工程进度付款（通用合同条款第 17.3 款）。规定了付款周期、进度付款申请单的内容、进度付款证书和支付时间以及如何对工程进度付款进行修正。

专用合同条款应约定承包人提交的进度付款申请单的份数以及进度付款申请单的内容，如付款次数或编号；截至本次付款周期末已实施工程的价款；变更金额；索赔金额；本次应支付的预付款和（或）应扣减的返还预付款；本次扣减的质量保证金；根据合同应增加和扣减的其他金额。

专用合同条款应约定发包人逾期支付进度款时违约金的计算及支付方法，发包人在承包人发出要求支付逾期付款违约金后 28 天内仍不支付的，承包人有权暂停施工。暂停施工 28 天内发包人仍不支付进度款，承包人有权解除合同，并提出索赔。涉及政府投资进度款支付的，应执行财政部国库集中支付的相关规定。发包人的约定应与财政部国库集中支付相关规定相衔接，并应同时满足合同支付要求。

（9）质量保证金（通用合同条款第 17.4 款）。质量保证金是用于承包人履行属于其自身责任的工程缺陷修补，为监理单位有效监督承包人圆满完成缺项修补工作提供资金保证。通用合同条款规定发包人应按专用合同条款的约定扣留质量保证金，直至扣留的质量保证金总额达到专用合同条款约定的金额或比例为止。质量保证金的计算额度不包括预付款的支付、扣回以及价格调整的金额。

专用合同条款应规定质量保证金的具体金额或占合同价格的比例，通常为合同价格的5%，并规定质量保证金的扣留方法，如在每次进度付款中按当期完成工程合同价值（不包括价格调整金额）的 10%扣留，直至合同价格的 5%。

（10）竣工结算（通用合同条款第 17.5 款）。工程接收证书颁发后，承包人应向监理单位提交竣工付款申请单。发包人和监理单位对承包人提交的竣工付款申请单有异议时，可要求承包人修改和补充；承包人对发包人签认的竣工付款证书有异议的，发包人可出具承包人已同意部分的临时付款证书，并支付相应金额，有争议部分可进一步协商或留待争议评审、仲裁或诉讼解决。

专用合同条款应约定承包人提交的付款申请单的份数和向监理单位提交申请单的期限以及竣工付款申请单的内容，如竣工结算合同总价、已支付的工程价款、应扣回的预付款、应扣留的质量保证金、应支付的竣工付款金额等。如果是政府投资的，应在专用合同条款中约定应遵守国库集中支付规定，并满足本合同竣工结算程序的要求。

（11）最终结清（通用合同条款第 17.6 款）。缺陷责任终止证书颁发后，承包人已完成全部承包工作，但合同的财务账目尚未结清，因此承包人应提交最终结清申请单，说明尚未结清的名目和金额，并附相关证明材料，监理单位核查提出发包人应付价款，报送发包人审核。若发包人审核时有异议，可与承包人协商，若打不成协议，采取与竣工结算相同的办法解决。最终结清时，如果发包人扣留的质量保证金不足以递减发包人损失的，按争议解决程序办理。

专用合同条款应约定承包人提交的最终结清申请单的份数和向监理单位提交申请单的期限。如果是政府投资的，应在专用合同条款中约定遵守国库集中支付规定，并满足本合同最终结清程序的要求。

（二）工程进度控制条款

（1）合同进度计划（通用合同条款第 10.1 款）。按期竣工是承包人的主要义务，也是监理单位进行工程监理的主要内容之一，因此通用合同条款中规定承包人应按专用合同条款约定的内容和期限，编制详细的施工进度计划和施工方案说明报送监理单位。监理单位应在专用合同条款约定的期限内批复或提出修改意见，否则该进度计划视为已得到批准。经监理单位批准的施工进度计划称合同进度计划，是控制合同工程进度的依据。承包人还应根据合同进度计划，编制更为详细的分阶段或分项进度计划，报监理单位审批。

专用合同条款应对施工进度计划和施工方案说明的内容进行约定，并约定承包人向监理单位报送施工进度计划和施工方案说明的期限和监理单位批复或提出修改意见的期限。合同进度计划应按照关键线路网络图和主要工作横道图两种形式分别编绘，并应包括每月预计完成的工作量和形象进度。值得注意的是，设计交底安排也应当在其中给予相应考虑。

（2）合同进度计划的修订（通用合同条款第 10.2 款）。不论何种原因造成工程的实际进度与承包人编制的合同进度计划不符时，承包人可以在专用合同条款约定的期限内向监理单位提交修订合同进度计划的申请报告，并附有关措施和相关资料，报监理单位审批。

监理单位也可以直接向承包人作出修订合同进度计划的指示，承包人应按该指示修订合同进度计划，报监理单位审批。监理单位应在专用合同条款约定的期限内批复。监理单位在批复前应获得发包人同意。

专用合同条款应约定承包人报送修订合同进度计划的时限和监理单位批复的时限，且应在专用合同条款中明确修订后的合同进度计划，仍应满足保证合同工程在合同约定的工期内完成。为了便于工程进度管理，专用合同条款中还可补充对承包人根据已同意的合同进度计划或其修订的计划，每年年底向监理单位提交下一年度的施工计划的规定。该年度施工计划应包括本年度估计完成的和下一年度预计完成的分项工程数量和工作量，以及为实施此计划将采取的措施。为了便于合同用款的管理，专用合同条款中还可补充要求承包人每季度向监理单位提交支付的详细季度合同用款计划。

（3）异常恶劣的气候条件（通用合同条款第 11.4 款）。由于出现专用合同条款规定的异常恶劣气候的条件导致工期延误的，承包人有权要求发包人延长工期。

专用合同条款应进一步明确异常恶劣气候条件的具体范围。当出现异常恶劣的气候条件时，承包人有责任自行采取措施，避免和克服异常气候条件造成的损失，同时有权要求发包人延长工期。当发包人不同意延长工期时，承包人可要求发包人支付为抢工增加的费用，但不包括利润。

（4）承包人的工期延误（通用合同条款第 11.5 款）。由于承包人原因，未能按合同进度计划完成工作，或监理单位认为承包人施工进度不能满足合同工期要求的，承包人应采取措施加快进度，并承担加快进度所增加的费用。由于承包人原因造成工期延误，承包人应支付逾期竣工违约金。逾期竣工违约金的计算方法在专用合同条款中约定。承包人支付逾期竣工违约金，不免除承包人完成工程及修补缺陷的义务。专用合同条款可以补充监理单位判断承包人的工程进度过慢的方法，如除了发包人的工期延误之外，承包人的实际工程进度曲线在规定的安全区域下限之外时，监理单位有权认为合同工程的进度过慢，承包人应采取措施加快进度，并承担加快进度所增加的费用。专用条款中还可约定承包人虽然采取了措施但仍无法按期竣工时，监理单位可通知发包人对承包人发出书面警告，若承包人仍不纠正的，发包人还可终止对承包人的雇用，并可将本合同工程中的一部分工作交由其他承包人或特殊分包人完成。在不解除本合同规定的承包人责任和义务的同时，承包人应承担因此所增加的一切费用。

对于承包人的原因造成的工期延误，即使采取了赶工措施，但仍不能按合同规定的完工日期完工时，承包人还应支付逾期竣工违约金。具体数额可根据各行业具体情况，在专用合同条款中另行约定逾期竣工违约金的计算方法和累计限额等。对于专用合同条款约定逾期竣工违约金按比例支付的，还应规定如果在合同工程完工之前，已对合同工程内按时完工的单位工程签发了工程接收证书，则合同工程的逾期竣工违约金，应按已签发工程接收证书的单位工程的价值占合同工程价值的比例予以减少，但本规定不应影响逾期竣工违约金的规定限额。

（三）工程质量控制条款

工程质量的优劣将决定和影响工程建设项目的正常使用，甚至使工程投资项目效益不能发挥，投资不能按计划回收。工程质量控制包括招标人自己或委托监理单位按照合同管理工程质量，按规范、规程，检验工程使用的材料、设备质量，监督检验施工质量，按程序组织验收隐蔽工程和需要中间验收工程的质量，验收单项工程和全部竣工工程的质量等。通用合同条款中的工程质量控制条款主要包括以下条款：

（1）工程质量要求（通用合同条款第 13.1 款）。通用合同条款规定工程质量验收按合同约定验收标准执行。因承包人原因造成工程质量达不到合同约定验收标准的，监理单位有权要求承包人返工直至符合合同要求为止，由此造成的费用增加和（或）工期延误由承包人承担。因发包人原因造成工程质量达不到合同约定验收标准的，发包人应承担由于承包人返工造成的费用增加和（或）工期延误，并支付承包人合理利润。

通用合同条款中对工程质量要求没有作具体的规定，所以专用合同条款应要求工程质量验收按照技术标准及相关的质量验收标准执行。

（2）发包人委托监理单位对合同履行管理（通用合同条款第 3 条）。为了更好地控制工程质量，发包人应设置质量管理组织机构并配备相应的质量管理人员，并委托工程监理单位进行管理。通过与监理单位签订监理合同，明确双方的责任、权利和义务，共同做好工程质量控制。

通用合同条款规定监理单位是受发包人委托对合同履行实施管理的法人或其他组织。监理单位受发包人委托，享有合同约定的权利。监理单位作为合同管理者，其职责主要有两个方面：一是作为发包人的代理人，负责发出指示、检查工程质量、进度等现场管理工作；二是作为第三方，负责商定或确定有关事项，如单价的合理调整、变更估价、索赔等。总监理工程师（总监）是指由监理单位委派常驻施工场地对合同履行实施管理的全权负责人。总监理工程师可以授权其他监理人员负责执行其指派的一项或多项监理工作。

专用合同条款应指明监理单位在行使某项权利前需经发包人事先批准而通用合同条款没有指明的权利，例如，同意承包人将工程的某些非主体和关键性工作进行分包；确定承包人因不利的物质条件造成的费用增加额；发布开工通知、暂停施工指示或复工通知；决定因发包人的工期延误造成的工期延长以及由于异常恶劣的气候条件造成的工期延长；审查批准技术标准和要求或设计的变更；当单项工程变更涉及的金额超过了一定金额（例如签约合同价格的5%）或累计变更超过了一定金额（例如签约合同价格的3%）后发出变更指令；确定承包人提出的索赔金额；确定暂列金额的使用；确定暂估价金额以及确定变更工作的单价等。但是，专用条款应同时约定监理单位行使相关权利时应当出示已经发包人批准的相关证明。

（3）承包人提供的材料和工程设备（通用合同条款第5.1款）。为完成合同内各项工作所需的材料和工程设备，原则上应采用承包人直接采购的方式。通用合同条款中规定除专用合同条款另有约定外，承包人提供的工程材料和设备均由承包人负责采购、运输和保管。承包人应对其采购的工程材料和设备负责。承包人应将各项工程材料和设备的供货人及品种、规格、数量和供货时间等报送监理单位审批，并向监理单位提交其负责提供的材料和设备的质量证明文件。对承包人提供的材料和设备，承包人应会同监理单位进行检验和交货验收，查验材料合格证明和产品合格证书，并进行材料抽样检验和设备的检验测试。

专用合同条款应约定工程是否采用承包人直接采购的模式，若采用这种模式，还应在专用合同条款中补充、细化发包人为加强对材料和工程施工的全面质量控制需采取的措施。

（4）发包人提供的材料和工程设备（通用合同条款第5.2款）。合同工程所需的材料和设备，原则上应由承包人负责采购，以免一旦发生工程质量事故或施工进度延误时责任不清，但在有些情况下，发包人为了确保某些大宗的、重要的材料或设备的采购质量，可以采取发包人采购的方式，发包人提供的材料和工程设备，应由发包人对供货的货源质量承担全部责任；在履行合同过程中，若由于供货厂家的责任，不能按时交货，延误了承包人施工进度的，亦应由发包人承担相应责任。

由发包人提供的工程材料和设备，通用合同条款中约定了发包人提供工程材料和设备的程序，专用合同条款应约定工程材料和设备的名称、规格、数量、价格、交货方式、交货地点和计划交货日期，并对交货批次、满足进度计划情况等内容进行补充和细化。同时，合同条款应当注意几个细节：①在合同条款中，需要明确材料验收时三方的责任和交接界面、交接方式。②涉及发包人供货的工程细目价款的计量支付有两种方式：一种是工程细目单价不包括发包人供应材料设备的价格，发包人按工程清单价格支付给承包人相关工程细目款，另向供货商直接支付材料设备价款，两条支付路线互不交叉，但工程合同价格没有完整反映工程实际造价；另一种方式是把发包人供货价格也计入相关工程细目单价内，这种情况需要发包人将供货的规格、单价在招标文件中列明，承包人统一按此供货单价进行组价，且可以约定合同供货单价固定不变，不受合同调价条款的影响。发包人在每期支付工程款时，按当期实际的供货规格、数量以及招标文件列明的相应单价核算，从承包人应获得的当期工程款中扣回。这种方式的核算工作稍显复杂，但由于发包人供货价格也计入相关细目单价中，能比较真实地反映合同工程的实际造价。

（5）工程材料和设备专用于合同工程和禁止使用不合格的材料和设备（通用合同条款第 5.3、5.4 款）。为保证工程质量，运入工地的材料和工程设备必须专用于合同工程，未经监理单位同意，承包人不得擅自运出施工场地或挪作他用。监理单位有权拒绝承包人提供的不合格材料或工程设备，承包人也有权拒绝发包人提供的不合格材料或工程设备。

（6）承包人的质量管理（通用合同条款第 13.2 款）。承包人应在施工场地设置专门的质量检查机构，配备专职质量检查人员，建立完善的质量检查制度。承包人应在合同约定的期限内，提交工程质量保证措施文件，包括质量检查机构的组织和岗位责任、质检人员的组成、质量检查程序和实施细则等，报送监理单位审批。承包人应加强对施工人员的质量教育和技术培训，定期考核施工人员的劳动技能，严格执行规范和操作规程。

专用合同条款应规定承包人提交工程质量保证措施文件的期限，如规定应于签订合同协议书后 28 天之内提交。专用合同条款还应对承包人必须遵守国家有关法律、法规和规章，严格执行各类技术标准及规程，全面履行工程合同义务，依法对工程施工质量负责的相关条款进行补充和细化，如承包人应加强质量监控、完善检验手段、建立质量奖罚制度、对质量事故要严肃处理等。

（7）承包人的质量检查和监理单位的质量检查（通用合同条款第 13.3、13.4 款）。承包人应按合同约定对材料、工程设备以及工程的所有部位及其施工工艺进行全过程的质量检查和检验，并做详细记录，编制工程质量报表，报送监理单位审查。监理单位有权对承包人的施工工程，以及任何为施工目的作业进行质量检查，承包人应为监理单位的质量检查提供必要的协助。

五、合同条款的作用

（一）通用合同条款的作用

《标准施工招标文件》通用合同条款（以下简称：通用合同条款）是结合相关行业示范合同文本条款或国际常用工程施工合同条件，根据招标项目具体特点和需要进行补充、修改，形成工程施工专用合同条款，两者结合并对照使用从而共同构成工程施工合同条款的组成部分。

对于大多数承发包双方当事人而言，在短时间内要签订一个条款严密、周全，对双方都较为公平、合理的合同往往不是件简单的事，因此，有必要规范合同的内容，并制定出符合绝大多数工程项目的合同文件，通用合同条款就是在这种情况下产生的。

（1）权威性。通用合同条款是通过权威机构制订出的具有规范性、可靠性、完备性的合同条款，指导当事人订立公平合理、科学规范的合同，防止出现显失公平和内容上的严重遗漏，避免用语上的含混模糊，产生歧义。因此通用合同条款既便于合同当事人的履行，也便于行政管理和争议受理机关解决纠纷。

（2）完整性。通用合同条款包括了一般约定等二十四个部分内容，这些部分有机地形成一个整体，较完整地反映了工程项目管理的各方面内容。同时通用合同条款、专用合同条款、合同附件格式相互配合、相互补充，共同构筑完整的建设工程施工合同。

（3）科学性。通用合同条款中大部分条款是关于进度控制、质量控制和投资控制的，一般按照工程进展的过程展开，充分体现了项目管理的三大控制，同时通过明确索赔程序、不可抗力、保险、担保等问题，使合同管理更趋于科学化。

（4)可操作性。通用合同条款内容约定富有弹性，如增加了其他变更由双方协商解决；允许发包人将部分工作（如保险）委托承包人办理，其只需承担相应的费用等。

（二）专用合同条款的作用

考虑到建设工程的各异性特征，通用合同条款不能完全适用于各个具体工程，因此，配之以专用合同条款对其作毕业的修改和补充，使通用合同条款和专用合同条款成为合同当事人双方统一意愿的体现。专用条款充分体现了当事人的意愿，并更能体现建设工程的个性化内容，为今后合同履行的具体落实奠定了良好的基础。因此，专用条款的效力要优于通用条款。

第三节　工程变更的合同管理

任何工程项目在实施过程中由于受到各种外界因素的干扰，都会发生程度不同的变更，它无法事先做出具体的预测，而在开工后又无法避免。而由于合同变更涉及到工程价款的变更及时间的补偿等，这直接关系到项目效益。因此，变更管理在合同管理中就显得相当重要。

变更是指当事人在原合同的基础上对合同中的有关内容进行修改和补充，包括工程实施内容的变更和合同文件的变更。

一、合同变更的原因

合同内容频繁的变更是工程合同的特点之一。对一个较为复杂的工程合同，实施中的变更事件可能有几百项，合同变更产生的原因通常有如下几方面：

（1）工程范围发生变化。通常，工程范围发生变化主要表现在两方面：①业主新的指令，对建筑新的要求，要求增加或删减某些项目、改变质量标准，项目用途发生变化。②政府部门对工程项目增加新的要求如国家计划变化、环境保护要求、城市规划变动等。

（2）设计原因。由于设计考虑不周，不能满足业主的需要或工程施工的需要，或设计错误等，必须对设计图纸进行修改。

（3）施工条件变化。在施工中遇到的实际现场条件同招标文件中的描述有本质的差异，或发生不可抗力等。即预定的工程条件不准确。

（4）合同实施过程中出现的问题。主要包括业主未及时交付设计图纸等及未按规定交付现场、水、电、道路等；由于产生新的技术和知识，有必要改变原实施方案以及业主或监理工程师的指令改变了原合同规定的施工顺序，打乱施工部署等。

二、工程变更对合同实施的影响

合同变更实质上是对合同的修改，是双方新的要约和承诺。这种修改通常不能免除或改变承包商的工程责任，但对合同实施影响很大，主要表现在如下几方面：

（1）定义工程目标和工程实施情况的各种文件，如设计图纸、成本计划和支付计划、工期计划、施工方案、技术说明和适用的规范等，都应作相应的修改和变更。

当然相关的其他计划也应作相应调整，如材料采购订货计划，劳动力安排，机械使用计划等。所以它不仅引起与承包合同平行的其他合同的变化，还会引起所属的各个分合同，如供应合同、租赁合同、分包合同的变更。有些重大的变更会打乱整个施工部署。

（2）引起合同双方，承包商的工程小组之间，总承包商和分包商之间合同责任的变化。如工程量增加，则增加了承包商的工程责任，增加了费用开支和延长了工期，对此，按合同规定应有相应的补偿。这也极容易引起合同争执。

（3）有些工程变更还会引起已完工程的返工，现场工程施工的停滞，施工秩序打乱，已购材料的损失等，对此也应有相应的补偿。

三、工程变更程序

工程的任何变更都必须获得监理工程师的批准，监理工程师有权要求承包商进行其认为是适当的任何变更工作，承包商必须执行工程师为此发出的书面变更指示。如果监理工程师由于某种原因必须以口头形式发出变更指示时，承包商应遵守该指示，并在合同规定的期限内要求监理工程师书面确认其口头指示，否则，承包商可能得不到变更工作的支付。

工程变更应有一个正规的程序，应有一整套申请、审查、批准手续，其具体变更程序如下：

（1）提出工程变更要求。监理工程师、业主和承包商均可提出工程变更请求。

①监理工程师提出工程变更在施工过程中，由于设计中的不足或错误或施工时环境发生变化，监理工程师以节约工程成本、加快工程进度和保证工程质量为原则，提出工程变更。

②承包商提出工程变更。承包商在两种情况下提出工程变更，其一是工程施工中遇到不能预见的地质条件或地下障碍；其二是承包商考虑为便于施工，降低工程费用，缩短工期之目的，提出工程变更。

③业主提出工程变更。业主提出工程的变更则常常是为了满足使用上的要求。也要说明变更原因，提交设计图纸和有关计算书。

（2）监理工程师的审查和批准。对工程的任何变更，无论是哪一方提出的，监理工程师都必须与项目业主进行充分的协商，最后由监理工程师发出书面变更指示。项目业主可以委任监理工程师一定的批准工程变更的权限（一般是规定工程变更的费用额），在此权限内，监理工程师可自主批准工程变更，超出此权限则由业主批准。

（3）编制工程变更文件，发布工程变更指示。一项工程变更应包括以下几种文件：

① 工程变更指令主要说明工程变更的原因及详细的变更内容说明(应说明根据合同的哪一条款发出变更指示；变更工作是马上实施，还是在确定变更工作的费用后实施；承包商发出要求增加变更工作费用和延长工期的通知的时间限制；变更工作的内容等。)

② 工程变更指令的附件。工程变更指令的附件包括工程变更设计图纸、工程量表和其他与工程变更有关的文件等。

(4)承包商项目部的合同管理负责人员向监理工程师发出合同款调整和工期延长的意向通知。

① 由承包商将变更工作所涉及的合同款变化量或变更费率或价格及工期变化量(如果有的化）的意图通知监理工程师。承包商在收到监理工程师签发的变更指示时，应在指示规定的时间内，向监理工程师发出该通知，否则承包商将被认为自动放弃调整合同价款和延长工期的权利。

② 由监理工程师将其改变费率或价格的意图通知承包商。工程师改变费率或价格的意图，可在签发的变更指示中进行说明，也可单独向承包商发出此意向通知。

（5）工程变更价款和工期延长的确定。工程变更价款的确定原则如下：

① 如监理工程师认为适当，应以合同中规定的费率和价格进行计算。

② 如合同中未包括适用于该变更工作的费率和价格，则应在合理的范围内使用合同中

的费率和价格作为估价的基础。

③ 如监理工程师认为合同中没有适用于该变更工作的费率和价格，则工程师在与业主和承包商进行适当的协商后，由监理工程师和承包商议定合适的费率和价格。

④如未能达成一致意见，则监理工程师应确定他认为适当的此类另外的费率和价格，并相应地通知承包商，同时将一份副本呈交业主。

上述费率和价格在同意或决定之前，工程师应确定暂行费率和价格以便有可能作为暂付款，包含在当月发出的证书中。

工期补偿量依据变更工程量和由此造成的返工、停工、窝工、修改计划等引起的损失情况由双方洽商来确定。

（6）变更工作的费用支付及工期补偿。如果承包商已按工程师的指示实施变更工作，工程师应将已完成的变更工作或已部分完成的变更工作的费用，加入合同总价中，同时列入当月的支付证书中支付给承包商。

四、工程变更的管理

对业主（监理工程师）的口头变更指令，承包商也必须遵照执行，但应在规定的时间内书面向监理工程师索取书面确认。而如果监理工程师在规定的时间内未予书面否决，则承包商的书面要求信即可作为监理工程师对该工程变更的书面指令。监理工程师的书面变更指令是支付变更工程款的先决条件之一。

工程变更不能超过合同规定的工程范围。如果超过这个范围，承包商有权不执行变更或坚持先商定价格后再进行变更。

注意变更程序上的矛盾性。合同通常都规定，承包商必须无条件执行变更指令（即使是口头指令），所以应特别注意工程变更的实施，价格谈判和业主批准三者之间在时间上的矛盾性。在工程中常有这种情况，工程变更已成为事实，而价格谈判仍达不成协议，或业主对承包商的补偿要求不批准，价格的最终决定权却在监理工程师。这样承包商已处于被动地位。

例如，某合同的工程变更条款规定：“由监理工程师下达书面变更指令给承包商，承包商请求监理工程师给以书面详细的变更证明。在接到变更证明后，承包商开始变更工作，同时进行价格调整谈判。在谈判中没有监理工程师的指令，承包商不得推迟或中断变更工作。”“价格谈判在两个月内结束。在接到变更证明后四个月内，业主应向承包商递交有约束力的价格调整和工期延长的书面变更指令。超过这个期限承包商有权拖延或停止变更。”

一般工程变更在四个月内早已完成，“超过这个期限”、“停止”和“拖延”都是空话。在这种情况下，价格调整主动权完全在业主，承包商的地位很为不利。这常常会有较大的风险。对此可采取如下措施：

（1）控制（即拖延）施工进度，等待变更谈判结果。这样不仅损失较小，而且谈判回旋余地较大。

（2）争取以点工或按承包商的实际费用支出计算费用补偿，如采取成本加酬金方法。这样避免价格谈判中的争执。

（3）应该有完整的变更实施的记录和照片，请业主、监理工程师签字，为索赔做准备。

（4）在合同实施中，合同内容的任何变更都必须由合同管理人员提出。与业主，与总（分）包之间的任何书面信件、报告、指令等都应经合同管理人员进行技术和法律方面的审查。这样才能保证任何变更都在控制中，不会出现合同问题。

（5）在商讨变更、签订变更协议过程中，承包商必须提出变更补偿（即索赔）问题。在变更执行前就应明确补偿范围、补偿方法、索赔值的计算方法、补偿款的支付时间等，双方应对这些问题达成一致。这是对索赔权的保留，以防日后争执。

在工程变更中，特别应注意因变更造成返工、停工、窝工、修改计划等引起的损失，注意这方面证据的收集。在变更谈判中应对此进行商谈。

施工合同的管理，是指各级工商行政管理机关、建设行政主管机关和金融机构，以及业主、监理单位、承包商依据法律和行政法规、规章制度，采取法律的、行政的手段，对施工合同关系进行组织、指导、协调及监督，保护施工合同当事人的合法权益，处理施工合同纠纷，防止和制裁违法行为，保证施工合同的贯彻实施等一系列活动。

各级工商行政管理机关、建设行政主管机关对合同的管理侧重于宏观的管理，而发包单位、监理单位、承包单位对施工合同的管理则是具体的管理，也是合同管理的出发点和落脚点。业主、监理单位、承包商对施工合同的管理体现在施工合同从订立到履行的全过程中，本章主要介绍工程承包合同管理。

第四节 合同风险管理

在任何经济活动中，要取得盈利，必然要承担相应的风险。这里的风险是指经济活动中的不确定性。一般风险应与盈利机会同时存在，并成正比，即经济活动的风险越大，盈利机会（或盈利率）就应越大。

体现在工程承包合同中，合同条款应公平合理、合同双方责权利关系应平衡、合同中如果包含的风险较大，则承包商应提高合同价格，加大不可预见风险费。

由于承包工程的特点和建筑市场的激烈竞争，承包工程风险很大，范围很广，是造成承包商失败的主要原因。现在，风险管理已成为衡量承包商管理水平的主要标志之一。

一、合同风险的特性

合同风险是指合同中的不确定性，它有两个特性：

（1）合同风险事件，可能发生，也可能不发生，但一经发生就会给承担者带来损失。当然风险的另一面是机会，它会带来收益。

在一个具体的环境中，双方签订一个确定内容的合同，实施一个确定规模和技术要求的工程，则工程风险有一定的范围，它的发生和影响有一定的规律性。

（2）合同风险是相对的，通过合同条文定义风险及其承担者。在工程中，如果风险成为现实，则由承担者主要负责风险控制，并承担相应损失责任。所以对风险的定义属于双方责任划分问题，不同的表达，则有不同的风险，则有不同的风险承担者。

作为一份完备的合同，不仅应对风险有全面地预测和定义，而且应全面地落实风险责任，在合同双方之间公平合理地分配风险。

二、合同风险的种类

具体来说，合同风险的种类大概有以下几种：

（1）合同中明确规定的承包商应承担的风险。一般工程承包合同中都有明确规定承包商应承担的风险条款，常见的有：

① 工程变更的补偿范围和补偿条件。例如某合同规定，工程变更在15%的合同金额内，承包商得不到任何补偿，则在这个范围内的工程量可能的增加是承包商的风险。

② 合同价格的调整条件。如对通货膨胀、汇率变化、税收增加等，合同规定不予调整，则承包商必须承担全部风险；如果在一定范围内可以调整，则承担部分风险。

③ 业主和工程师对设计、施工、材料供应的认可权和各种检查权。在工程中，合同和合同条件常赋予业主和工程师对承包商工程和工作的认可权和各种检查权。但这必须有一定的限制和条件，应防止写有“严格遵守工程师对本工程任何事项（不论本合同是否提出）所作的指示和指导”。如果有这一条，业主可能使用这个“认可权”或“满意权”提高工程的设计、施工、材料标准，而不对承包商补偿。则承包商必须承担这方面变更风险。

④ 其他形式的风险型条款，如索赔有效期限制等。

（2）合同条文不清楚，不细致，不严密。承包商不能清楚地理解合同内容，造成失误。这里有招标文件的语言表达方式、表达能力、承包商的外语水平、专业理解能力或工作不细致等问题。

（3）合同条文不全面、不完整，没有将合同双方的责权利关系全面表达清楚，没有预计到合同实施过程中可能发生的各种情况。这样导致合同过程中的激烈争执，最终导致承包商的损失。

(4)业主为了转嫁风险提出单方面约束性的、过于苛刻的、责权利不平衡的合同条款。

例如，某分包合同规定，对总承包商因管理失误造成的违约责任，仅当这种违约造成分包商人员和物品的损害时，总承包商才给分包商以赔偿，而其他情况不予赔偿。这样，总承包商管理失误造成分包商成本和费用的增加不在赔偿之内。

有时有些特殊的规定应注意，例如有一承包合同规定，合同变更的补偿仅对重大的变更，且仅按单个建筑物和设施地平以上外部体积的变化量计算补偿。这实质上排除了工程变更索赔的可能。在这种情况下承包商的风险很大。

三、合同风险分析的影响因素

合同风险管理完全依赖风险分析的准确程度、详细程度和全面性。合同风险分析主要依靠如下几方面因素：

（1）承包商对环境状况的了解程度。要精确地分析风险必须作详细的环境调查，大量占有第一手资料。

（2）对引起风险的各种因素的合理预测及预测的准确性。

（3）对招标文件分析的全面程度、详细程度和正确性，同时也依赖于招标文件的完备程度。

（4）对业主和工程师资信和意图了解的深度和准确性。

（5）做标期的长短。

四、合同风险管理的任务

（1）在合同签订前对风险作全面分析和预测。主要考虑如下问题：

①工程实施中可能出现的风险的类型、种类。

②风险的影响，即风险如果发生，对承包商的施工过程，对工期和成本（费用）有哪些影响，承包商要承担哪些经济的和法律的责任等。

③风险发生的规律，如发生的可能性、发生的时间及分布规律。

④各风险之间的内在联系，例如同时发生或伴随发生的可能。

（2）对风险进行有效的对策和计划，即考虑如果风险发生应采取什么措施予以防止，或降低它的不利影响，为风险作组织、技术、资金等方面的准备。

（3）在合同实施中对可能发生，或已经发生的风险进行有效的控制：

①采取措施防止或避免风险的发生。

②降低风险的不利影响，减少自己的损失。

③有效地转移风险，争取让其他方面承担风险造成的损失。

④在风险发生的情况下进行有效的决策，对工程施工进行有效的控制，保证工程项目

的顺利实施。

由于风险的复杂性，技术风险、自然及环境、政治社会风险的识别和处置需要系统的实施和运行，具体见表 4-1。

表 4-1　风险分析一览表

<table>
<tr><th colspan="2">风险种类</th><th>风险因素</th><th>处置措施</th><th>实施要点</th></tr>
<tr><td rowspan="3">技术风险</td><td rowspan="2">设计</td><td>缺陷设计，错误和遗漏，规范不恰当，未考虑地质条件</td><td>风险转移</td><td>业主通过设计合同约束设计单位，加强设计责任风险管理，减少设计变更</td></tr>
<tr><td>未考虑施工可行性、设计变更等</td><td>风险利用</td><td>承包商可利用设计变更提出索赔</td></tr>
<tr><td>施工</td><td>施工工艺的落后，不合理的施工技术和方案，施工安全措施不当，应用新技术方案的失败，考虑现场情况不周</td><td>风险转移</td><td>①业主通过施工合同，可以把施工技术风险转移给施工单位；
②业主投保工程保险转移部分施工风险</td></tr>
<tr><td colspan="2">自然环境风险</td><td>洪水、地震等不可抗拒自然条件，复杂地质，施工对环境的影响</td><td>风险转移</td><td>通过购买工程保险和附加险转移风险</td></tr>
<tr><td colspan="2">政治和社会风险</td><td>拆迁问题、法律及规章制度的变化，战争和骚乱，罢工，经济制裁或禁用</td><td>风险自留</td><td>有效预测风险前景</td></tr>
<tr><td colspan="2">组织风险</td><td>项目参与各方出现纠纷或意见不统一</td><td>风险缓解</td><td>通过协商、协调解决</td></tr>
<tr><td colspan="2" rowspan="3">管理风险</td><td>分包商过多，管理能力不足</td><td>风险转移</td><td>①设计有约束力的合同；
②采用总承包方式将风险转移给总承包商</td></tr>
<tr><td>项目领导班子内部管理制度不完善，对工期、质量、进度、安全等指标落实不到位</td><td>风险自留</td><td>落实各项责任制</td></tr>
<tr><td>监理不到位或工作效率低下</td><td>风险转移</td><td>①业主与监理方签订有约束力的监理合同；
②监理单位投保责任保险</td></tr>
<tr><td colspan="2">质量风险</td><td>承包商信誉差，弄虚作假，施工质量存在隐性缺陷</td><td>风险转移</td><td>①要求承包商投保工程质量险②要求承包商缴纳保证金或提供工程担保</td></tr>
<tr><td colspan="2">材料设备风险</td><td>原材料、成品、半成品的供货不足或拖延，数量差错，质量问题等。施工设备供应不足，类型不配套，故障，安装失误，选型不当</td><td>风险转移</td><td>通过采购风险转移风险</td></tr>
</table>

五、合同风险的防范对策

在任何一份工程承包合同中，问题和风险总是存在的，没有不承担风险，绝对完美和双方责权利关系绝对平衡的合同（除了成本加酬金合同）。对分析出来的合同风险必须认真的进行对策研究。对合同风险有对策和无对策，有准备和无准备是大不一样的。这常常关系到一个工程的成败，任何承包商都不能忽视这个问题。

在合同签订前，风险分析要全面、充分，风险对策要周密、科学，在合同实施中如果风险成为现实，则可以从容应付，立即采取补救措施。这样可以极大降低风险的影响，减少损失。反之，如果没有准备，没有预见风险，没有对策措施，一经风险发生，管理人员手足无措，不能及时地、有效地采取补救措施。这样会扩大风险的影响，增加损失对合同风险一般有如下几种对策。

（一）在报价中考虑

（1）提高报价中的不可预见风险费。对风险大的合同，承包商可以提高报价中的风险附加费，为风险作资金准备。风险附加费的数量一般依据风险发生的概率和风险一经发生承包商将要受到的费用损失量确定。所以风险越大，风险附加费应越高。但它也受到很大限制，因为风险附加费太高对合同双方都不利，业主必须支付较高的合同价格。承包商的报价太高，失去竞争力，难以中标。

（2）采取一些报价策略。采用一些报价策略以降低、避免或转移风险。例如，开口升级报价法、多方案报价法等。在报价单中，建议将一些花费大、风险大的分项工程按成本加酬金的方式结算。但由于业主和监理工程师管理水平的提高，招标程序的规范化和招标规定的健全，这些策略的应用余地和作用已经很小，弄得不好承包商会丧失承包工程资格或造成报价失误。

(3)在法律和招标文件都允许的条件下，在投标书中使用保留条件、附加或补充说明。

（二）保险公司投保

工程保险是业主和承包商转移风险的一种重要手段。当出现保险范围内的风险，造成财务损失时，承包商可以向保险公司索赔，以获得一定数量的赔偿。一般在招标文件中，业主都已指定承包商投保的种类，并在工程开工后就承包商的保险作出审查和批准。通常承包工程保险有：工程一切险；施工设备保险；第三方责任险；人身伤亡保险等。承包商应充分了解这些保险所保的风险范围、保险金计算、赔偿方法、程序、赔偿额等详细情况。

（三）采取技术的、经济的和管理的措施

在承包合同的实施过程中，采取技术的、经济的和管理的措施，以提高应变能力和对风险的抵抗能力。例如，对风险大的工程：①派遣最得力的项目经理、技术人员、合同管理人员等，组成精干的项目管理小组；②在技术力量、机械装备、材料供应、资金供应、劳务安排等方面予以特殊对待，全力保证合同实施；③应作更周密的计划，采取有效的检查、监督和控制手段；④应该作为施工企业的各职能部门管理工作的重点，从各个方面予以保证。

（四）通过谈判，完善合同条文

合同双方都希望签认一个有利的，风险较少的合同。但在工程过程中许多风险是客观存在的，问题是由谁来承担。减少或避免风险，是承包合同谈判的重点。合同双方都希望推卸和转嫁风险，所以在合同谈判中常常几经磋商，有许多讨价还价。

通过合同谈判，完善合同条文，使合同能体现双方责权利关系的平衡和公平合理。这是在实际工作中使用最广泛，也是最有效的对策。

(1)充分考虑合同实施过程中可能发生的各种情况，在合同中予以详细地具体地规定，防止意外风险。所以，合同谈判的目标，首先是对合同条文拾遗补缺，使之完整。

(2) 使风险型条款合理化，力争对责权利不平衡条款，单方面约束性条款作修改或限定，防止独立承担风险。例如，合同规定，业主和工程师可以随时检查工程质量，同时又应规定，如由此造成已完工程损失，影响工程施工，而承包商的工程和工作又符合合同要求，业主应予以赔偿损失。

合同规定，承包商应按合同工期交付工程，否则，必须支付相应的违约罚款；且同时规定，业主应及时交付图纸，交付施工场地、行驶道路，支付已完工程款等，否则工期应予以顺延。对不符合工程惯例的单方面约束性条款，在谈判中可列举工程惯例，劝说业主取消。

(3) 将一些风险较大的合同责任推给业主，以减少风险。当然，常常也相应地减少收益机会。例如，让业主负责提供价格变动大，供应渠道难保证的材料；由业主支付海关税，并完成材料、机械设备的入关手续；让业主承担业主的工程管理人员的现场办公设施、办公用品、交通工具、食宿等方面的费用。

(4) 通过合同谈判争取在合同条款中增加对承包商权益的保护性条款。

（五）在工程过程中加强索赔管理

用索赔和反索赔来弥补或减少损失，这是一个很好的，也是被广泛采用的对策。通过索赔可以提高合同价格，增加工程收益，补偿由风险造成的损失。

许多有经验的承包商在分析招标文件时就考虑其中的漏洞、矛盾和不完善的地方，考虑到可能的索赔，甚至在报价和合同谈判中为将来的索赔留下伏笔。但这本身常常又会有很大的风险。

（六）其他对策

其他决策主要有以下两方面：

（1）与其他承包商合伙承包，或建立联合体，共同承担风险等。

（2）将一些风险大的分项工程分包出去，向分包商转嫁风险。

第五节　合同争议的处理

合同争议是指工程承包合同自订立至履行完毕之前，承包合同的双方当事人因对合同的条款理解产生歧义或因当事人未按合同的约定履行合同，或不履行合同中应承担的义务等原因所产生的纠纷。产生工程承包合同纠纷的原因十分复杂，一般归可纳为合同订立引起的纠纷、在合同履行中发生的纠纷、变更合同而产生的纠纷、解除合同而发生的纠纷等几个方面。

在我国，合同争议解决的方式主要有和解、调解、仲裁和诉讼四种。在这四种解决争议的方式中，和解和调解的结果没有强制执行的法律效力，要靠当事人的自觉履行。当然，这里所说的和解和调解是狭义的，不包括仲裁和诉讼程序中在仲裁庭和法院的主持下的和解和调解。这两种情况下的和解和调解属于法定程序，其解决方法仍有强制执行的法律效力。

一、和解

和解是指在发生合同纠纷后，合同当事人在自愿、友好、互谅基础上，依照法律、法规的规定和合同的约定，自行协商解决合同争议的一种方式。

工程承包合同争议的和解，是由工程承包合同当事人双方自己或由当事人双方委托的律师出面进行的。在协商解决合同争议的过程中，当事人双方依照平等自愿原则，可以自由、充分进行意思表示，弄清争议的内容、要求和焦点所在，分清责任是非，在互谅互让的基础上，使合同争议得到及时、圆满的解决。

合同发生争议时，当事人应当首先考虑通过和解来解决。合同争议的和解解决有以下优点：

（1）简便易行，能经济、及时地解决纠纷。工程承包合同争议的和解解决不受法律程序约束，没有仲裁程序或诉讼程序那样有一套较为严格的法律规定，当事人可以随时发现问题，随时要求解决，不受时间、地点的限制，从而防止矛盾的激化、纠纷的逐步升级。便于对合同争议的及时处理，有可以省去一笔仲裁费或诉讼费。

（2）针对性强，便于抓住主要矛盾。由于工程合同双方当事人对事态的发展经过有亲身的经历，了解合同纠纷的起因、发展以及结果的全过程，便于双方当事人抓住纠纷产生的关键原因，有针对性地加以解决。因合同当事人双方一旦关系恶化，常常会在一些枝节上纠缠不休，使问题扩大化、复杂化，而合同争议的和解就可以避免走这些不必要的弯路。

（3）有利于维护双方当事人团结和协作氛围，使合同更好地履行。合同双方当事人在平等自愿，互谅互让的基础上就工程合同争议的事项进行协商，气氛比较融洽，有利于缓解双方的矛盾，消除双方的隔阂和对立，加强团结和协作，同时，由于协议是在双方当事人统一认识的基础上自愿达成的，所以可以使纠纷得到比较彻底的解决，协议的内容也比较容易顺利执行。

（4）可以避免当事人把大量的精力、人力、物力放在诉讼活动上。工程合同发生纠纷后，往往合同当事人各方都认为自己有理，特别在诉讼中败诉的一方，会一直把官司打到底，牵扯巨大的精力。而且可能由此结下怨恨。如果和解解决，就可以避免这些问题，对双方当事人都有好处。

二、调解

调解是指在合同发生纠纷后，在第三人的参加和主持下，对双方当事人进行说服、协调和疏导工作，使双方当事人互相谅解并按照法律的规定及合同的有关约定达成解决合同纠纷的一种争议解决方式。

工程合同争议的调解是解决合同争议的一种重要方式，也是我国解决建设工程合同争议的一种传统方法。它是在第三人的参加与主持下，通过查明事实，分清是非，说服教育，促使当事人双方做出适当让步，平息争端，促使双方在互谅互让的基础上自愿达成调解协议，消除纷争。第三人进行调解必须实事求是、公正合理，不能压制双方当事人，而应促使他们自愿达成协议。

合同纠纷的调解往往是当事人经过和解仍不能解决纠纷后采取的方式，因此与和解相比，它面临的纠纷要大一些。与诉讼、仲裁相比，仍具有与和解相似的优点：它能够较经济、较及时地解决纠纷，有利于消除合同当事人的对立情绪，维护双方的长期合作关系。

三、仲裁

仲裁、亦称“公断”，是当事人双方在争议发生前或争议发生后达成协议，自愿将争议交给第三者做出裁决，并负有自动履行义务的一种解决争议的方式。这种争议解决方式必须是自愿的，因此必须有仲裁协议。如果当事人之间有仲裁协议，争议发生后又无法通过和解和调解解决，则应及时将争议提交仲裁机构仲裁。

（一）仲裁的原则

（1）自愿原则。解决合同争议是否选择仲裁方式以及选择仲裁机构本身并无强制力。当事人采用仲裁方式解决纠纷，应当贯彻双方自愿原则，达成仲裁协议。如有一方不同意进行仲裁的，仲裁机构即无权受理合同纠纷。

（2）公平合理原则。仲裁的公平合理是仲裁制度的生命力所在，这一原则要求仲裁机构要充分收集证据，听取纠纷双方的意见。仲裁应当根据事实，同时，仲裁应当符合法律规定。

（3）仲裁依法独立进行原则。仲裁机构是独立的组织，相互间也无隶属关系。仲裁依法独立进行，不受行政机关、社会团体和个人的干涉。

（4）一裁终局原则。由于仲裁是当事人基于对仲裁机构的信任做出的选择，因此其裁决是立即生效的。裁决做出后，当事人就同一纠纷再申请仲裁或者向人民法院起诉的，仲裁委员会或者人民法院不予受理。

（二）仲裁委员会

仲裁委员会可以在直辖市和省、自治区人民政府所在地的市设立，也可以根据需要在其他设区的市设立，不按行政区划层层设立。

仲裁委员会由主任 1 人、副主任 2 至 4 人和委员 7 至 11 人组成。仲裁委员会应当从公道正派的人员中聘任仲裁员。

仲裁委员会独立于行政机关，与行政机关没有隶属关系。仲裁委员会之间也没有隶属关系。

（三）仲裁协议

1．仲裁协议的内容

仲裁协议是纠纷当事人愿意将纠纷提交仲裁机构仲裁的协议。它应包括以下内容：

（1）请求仲裁的意思表示。

（2）仲裁事项。

（3）选定的仲裁委员会。

在以上 3 项内容中，选定的仲裁委员会具有特别重要的意义。因为仲裁没有法定管辖，如果当事人不约定明确的仲裁委员会，仲裁将无法操作，仲裁协议将是无效的。至于请求仲裁的意思表示和仲裁事项则可以通过默示的方式来体现。可以认为在合同中选定仲裁委员会就是希望通过仲裁解决争议，同时，合同范围内的争议就是仲裁事项。

2．仲裁协议的作用

仲裁协议的作用主要有以下几方面：

（1）合同当事人均受仲裁协议的约束。

（2）排除了法院对纠纷的管辖权。

（3）仲裁机构应按仲裁协议进行仲裁。

（4）是仲裁机构对纠纷进行仲裁的先决条件。

（四）仲裁庭的组成

通常，仲裁庭的组成有两种方式。

（1）当事人约定由3名仲裁员组成仲裁庭。当事人如果约定由3名仲裁员组成仲裁庭，应当各自选定或者各自委托仲裁委员会主任指定1名仲裁员，第3名仲裁员由当事人共同选定或者共同委托仲裁委员会主任指定。第3名仲裁员是首席仲裁员。

（2）当事人约定由1名仲裁员组成仲裁庭。仲裁庭也可以由1名仲裁员组成。当事人如果约定由1名仲裁员组成仲裁庭的，应当由当事人共同选定或者共同委托仲裁委员会主任指定仲裁员。

四、诉讼

诉讼是指合同当事人依法请求人民法院行使审判权，审理双方之间发生的合同争议，作出有国家强制保证实现其合法权益、从而解决纠纷的审判活动。合同双方当事人如果未约定仲裁协议，则只能以诉讼作为解决争议的最终方式。

人民法院审理民事案件，依照法律规定实行合议、回避、公开审判和两审终审制度。

（一）建设工程合同纠纷的管辖

建设工程合同纠纷的管辖，既涉及地域管辖，也涉及级别管辖。

1．级别管辖

级别管辖是指不同级别人民法院受理第一审建设工程合同纠纷的权限分工。一般情况下基层人民法院管辖第一审民事案件。中级人民法院管辖以下案件：重大涉外案件、在本辖区有重大影响的案件、最高人民法院确定由中级人民法院管辖的案件等。在建设工程合同纠纷中，判断是否在本辖区有重大影响的依据主要是合同争议的标的额。由于建设工程合同纠纷争议的标的额往往较大，因此往往由中级人民法院受理一审诉讼，有时甚至由高级人民法院受理一审诉讼。

2．地域管辖

地域管辖是指同级人民法院在受理第一审建设工程合同纠纷的权限分工。对于一般的合同争议，由被告住所地或合同履行地人民法院管辖。《民事诉讼法》也允许合同当事人在书面协议中选择被告住所地、合同履行地、合同签订地、原告住所地、标的物所在地人民法院管辖。对于建设工程合同的纠纷一般都适用不动产所在地的专属管辖，由工程所在地人民法院管辖。

（二）诉讼中的证据

证据的种类：①书证；②物证；③视听资料；④证人证言；⑤当事人的陈述；⑥ 鉴定结论；⑦勘验笔录。

当事人对自己提出的主张，有责任提供证据。当事人及其诉讼代理人因客观原因不能自行收集的证据，或者人民法院认为审理案件需要的证据，人民法院应当调查收集。人民法院应当按照法定程序，全面地、客观地审查核实证据。

证据应在法庭上出示，并由当事人互相质证。对涉及国家秘密、商业秘密和个人隐私的证据应当保密，需要在法庭出示的，不得在公开开庭时出示。经过法定程序公证证明的法律行为、法律事实和文书，人民法院应当作为认定事实的根据。但有相反证据足以推翻公证证明的除外。书证应当提交原件。物证应当提交原物。提交原件或者原物确有困难的，可以提交复制品、照片、副本、节录本。提交外文书证，必须附有中文译本。

人民法院对视听资料，应当辨别真伪，并结合本案的其他证据，审查确定能否作为认定事实的根据。

人民法院对专门性问题认为需要鉴定的，应当交由法定鉴定部门鉴定；没有法定鉴定部门的，由人民法院指定的鉴定部门鉴定。鉴定部门及其指定的鉴定人有权了解进行鉴定所需要的案件材料，必要时可以询问当事人、证人。鉴定部门和鉴定人应当提出书面鉴定结论，在鉴定书上签名或者盖章。与仲裁中的情况相似，建设工程合同纠纷往往涉及工程质量、工程造价等专门性的问题，在诉讼中一般也需要进行鉴定。

第六节　索赔

索赔是当事人在合同实施过程中，根据法律、合同规定及惯例，对不应由自己承担责任的情况所造成的损失，向合同的另一方当事人提出给予赔偿或补偿要求的行为。索赔权利的享有是相对的，即发包人、承包人、分包人都享有。在工程承包市场上，一般称工程承包人提出的索赔为施工索赔，即由于发包人或其他方面的原因，致使承包人在项目施工中付出了额外的费用或造成了损失，承包人通过合法途径和程序，如谈判、诉讼或仲裁，要求发包人补偿其在施工中的费用损失的过程。

一、索赔的原因

人们易于习惯地把索赔与争议的仲裁、诉讼合同纠纷的解决联系起来，因此，应尽可能地避免索赔事件的发生，以消除合同当事人双方的合作误区。实质上索赔是一种正当的权利或要求，是合情、合理、合法的行为，它是在正确履行合同的基础上争取合理的偿付，与守约、合作并不矛盾。由于工程的特殊性，引起工程索赔的原因复杂多变，主要有以下几方面。

（一）设计方面

随着社会的发展，科技的进步，人们对生活、居住、工作等环境条件不断提出新的要求，各种各样的新工艺、新技术层出不穷，建设单位（或业主）为满足社会日益增长的物质和精神需要，对工程项目建设的质量、功能要求也越来越高，并在不断地追求完善，给设计出尽善尽美的施工图带来一定的难度。因此，在施工图设计时，就难免出现如设计的施工图与现场实际施工在地质、环境等方面存在差异，设备、材料的名称、规格型号表示不清楚等多方面设计缺陷。这些都会给工程项目建设在施工上带来不利的影响，导致工程项目的建设费用、建设工期发生变化，从而产生了费用、工期等方面索赔事件。

（二）施工合同方面

施工合同一般采用标准合同示范文本。虽然标准合同示范文本已包括工程项目建设在施工过程中双方应有的权利和应尽的义务，但由于工程项目建设的复杂性和施工工期以及自然环境、气候、签订合同时技术语言不严谨等因素的存在，都有可能导致合同双方在履约过程中出现各种矛盾，从而引起因签订施工合同疏忽和用词不严谨的施工索赔。

（三）不依法履行施工合同

施工合同经承发包双方依法签订生效，任何一方不得擅自变更或解除或不履行合同规定的义务，是承发包双方在工程施工中遵守的规则。但在实际履行中，由于各种意见分歧或经济利益驱动等人为因素，不严格执行合同文件事件时有发生，致使工程项目不能按质按量如期交付使用，从而引起拖欠工程款、银行利息、工期、质量等原因的工程纠纷和施工索赔。

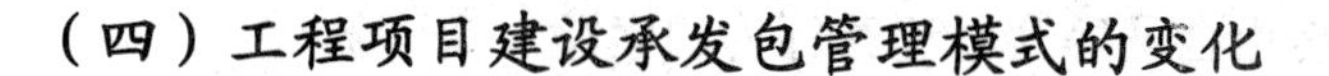

（四）工程项目建设承发包管理模式的变化

当前的建筑市场，工程项目建设承发包有总包、分包、指定分包、劳务承包、设备、材料供应等一系列的承包方式，使建设工程项目承发包变得复杂和管理模式难度增大。当任何一个承包合同不能顺利履行或管理不善时，都会影响工程项目建设的工期和质量，继而引发在工期、质量和经济等方面索赔事件的发生。如设备、材料供应商不按工程项目设计和施工要求(如质量、数量和规格型号)按时提供设备和材料，工程就不能按业主或设计和规范要求施工，因而影响工程项目建设的进度和质量；再如业主不按合同约定支付总包方的工程款，总包方不能按合同约定给分包方支付工程款，分包方就不能按时向设备材料供应商支付设备材料购买费,这一系列的合同违约,直接影响工程项目建设的质量和工期，最终导致业主、总包方、分包方、设备材料供应商之间产生索赔。

（五）意外风险和不可预见因素

在施工过程中发生了如地震、台风、洪水、火山爆发、地面下陷、火灾、爆炸、泥石流、地质断层、天然溶洞和地下文物遗址等人力不可抗拒、无法控制的自然灾害和意外事故，都可能产生因工程造价变化或工期延长方面的索赔事件。

二、索赔的分类

通常，建设构成可以按照索赔主体、索赔目的、赔事件的性质、索赔合同依据和索赔处理方式进行分类。

（一）按索赔目的分类

按索赔目的不同，索赔可分为工期索赔和费用索赔。

（1）工期索赔。由于非承包商责任的原因导致施工进程延误，要求批准顺延合伺工期的索赔，称为工期索赔。工期索赔形式上是对权利的要求，以避免在原定合同竣工日不能完工时，被发包人追究延期违约责任。一旦获得批准合同工期顺延后，承包人不仅免除了承担延期违约赔偿的风险，还可能因提前完工得到奖励。

（2）费用索赔。费用索赔的目的是要得到经济补偿。当施工的客观条件发生变化导致承包商增加开支时，承包商对超出计划成本的附加开支要求给予补偿，以挽回不应由他承担的经济损失就属于费用索赔。

（二）按索赔主体分类

按索赔主体不同，索赔可以分为以下几类：

（1）承包商与业主间的索赔。这类索赔大多是有关工程量计算、工程变更、工期、质量和价格方面的争议，当然也有终止合同等其他违约行为的索赔。

（2）承包商与分包商间的索赔。若在承包合同中，既存在总承包又存在分包合同，就会涉及到总包商与分包商之间的索赔。这种索赔一般情况下体现为：分包商向总承包商索要付款和赔偿；总承包商对分包商罚款或者扣留支付款等。

（3）承包商与供应商间的索赔。这种索赔多体现在商品买卖方面，如商品的质量不符合技术要求、商品数量上的短缺、迟延交货、运输损坏等。

（4）承包商向保险公司要求的索赔。这类索赔多是承包商受到灾害、事故或损失，依照保险合同向其投保的保险公司索赔。

（三）按索赔事件的性质分类

按索赔事件的性质不同，索赔可以分为以下几类：

（1）工期延误索赔。因发包人未按合同要求提供施工条件，如未及时交付设计图纸、施工现场、道路等，或因发包人指令工程暂停或不可抗力事件造成工期拖延的，承包人提出的索赔。

（2）工程变更索赔。由于发包人或者监理工程师指令增加或减少工程量或附加工程、修改设计、变更工程顺序等，造成工期延长和费用增加，承包人对此提出索赔。

（3）合同终止的索赔。由于发包人或承包人违约以及不可抗力事件等原因造成合同非正常终止，无责任的受害方因其蒙受经济损失而向对方提出索赔。

（4）加快工程索赔。由于发包人或工程师指令承包人加快施工速度，缩短工期，引起承包人人、财、物额外开支而提出的索赔。

(5)意外风险和不可预见因素索赔。在工程实施过程中,因人力不可抗拒的自然灾害、特殊风险以及一个有经验的承包通常不能合理预见的不利施工条件或外界障碍,如地下水、地质断层、溶洞、地下障碍等引起的索赔。

（6）其他索赔。因货币贬值、汇率变化、物价、工资上涨、政策法令变化等原因引起的索赔。

（四）按索赔处理方式分类

按索赔处理方式不同，索赔可以分为以下几类：

（1）单项索赔。单项索赔是针对某一干扰事件提出的，在影响原合同正常运行的干扰事件发生时或者发生后，由于合同管理人员及时处理，并在合同规定的索赔有效期内向业主或监理工程师提交索赔要求和索赔报告。

（2）综合索赔。综合索赔又称为一揽子索赔，一般在工程竣工前和工程移交前，承包商将工程实施过程中因各种原因未能及时解决的单项索赔集中起来进行综合分析考虑，提

出一份综合报告，由合同双方在工程交付前后进行最终谈判，以一揽子方案解决索赔问题。由于在一揽子索赔中许多干扰事件交织在一起，影响因素比较复杂而且相互交叉，责任分析和索赔值计算都很困难，索赔涉及的金额往往又很大，双方都不愿意或不容易做出让步，使索赔的谈判和处理都很困难。因此，综合索赔的成功率比单项索赔要低得多。

（五）按施工索赔的意义

按施工索赔的意义不同，索赔分为以下几类：

(1)索赔是合同管理的重要环节。索赔和合同管理有直接的联系，合同是索赔的依据。整个索赔处理的过程是执行合同的过程，所以常称施工索赔为合同索赔。

承包商从工程投标之日开始就要对合同进行分析。项目开工以后，合同管理人员要将每日实施合同的情况与原合同分析的结果相对照，一旦出现合同规定以外的情况，或合同实施受到干扰，承包商就要研究是否就此提出索赔。日常的单项索赔的处理可由合同管理人员来完成。对于重大的一揽子索赔，要依靠合同管理人员从日常积累的工程文件中提供证据，供合同管理方面的专家进行分析。因此，要想索赔必须加强合同管理。

(2)索赔是计划管理的动力。计划管理一般是指项目实施方案、进度安排、施工顺序、劳动力及机械设备材料的使用与安排。而索赔必须分析在施工过程中，实际实施的计划与原计划的偏高程度。比如工期索赔就是通过实际过程中与原计划的关键路线分析比较，才能成功，其费用索赔往往也是基于这种比较分析基础之上。因此，在某种意义上讲，离开了计划管理，索赔将成为一句空话。反过来讲要索赔就必须加强项目的计划管理，索赔是计划管理的动力。

(3)索赔是挽回成本损失的重要手段。在合同报价中最主要的工作是计算工程成本的花费，承包商按合同规定的工程量和责任、合同所给定的条件以及当时项目的自然、经济环境作出成本估算。在合同实施过程中，由于这些条件和环境的变化，使承包商的实际工程成本增加，承包商为挽回这些实际工程成本的损失，只有通过索赔这种佥的手段才能得到。

索赔是以赔偿实际损失为原则，这就是要求有可靠的工程成本计算的依据。所以，要搞好索赔，承包商必须建立完整的成本核算体系，及时、准确地提供整个工程以及分项工程的成本核算资料，索赔计算才有可靠的依据。因此，索赔又能促进工程成本的分析和管理，以便确定挽回损失的数量。

(4)索赔要求提高文档管理的水平。索赔要有证据，证据是索赔报告的重要组成部份，证据不足或没有证据，索赔就不能成立。由于建筑工程比较复杂，工期又长，工程文件资料多，因此如果文档管理混乱，许多资料得有到及时整理和保存，就会给索赔证据的获得带来极大的困难。加强文档管理，为索赔提供及时、准确、有力的证据有重要意义。承包商应委派专人负责工程资料和各种经济活动的资料收集，并分门别类地进行归档整理，特别要学会利用先进的计算机管理信息系统，提高对文档工作的管理水平，这对有效地进行索赔有很重要的意义。

（六）按索赔合同依据分类

按索赔合同依据不同，索赔分为以下几类：

（1）合同中的明示索赔。合同中明示的索赔是指承包人所提出的索赔要求，在该工程项目的合同文件有文字依据，承包人可以据此提出索赔要求，并取得经济补偿。在这些合同文件中有文字规定的合同条款，称为明示条款。

（2）合同中的默示索赔。合同中默示的索赔，即承包人的该项索赔要求，虽然在工程项目的合同条款中没有专门的文字叙述，但可以根据该合同的某些条款的含义，推论出承包人有索赔权。这种经济补偿含义的条款，在合同管理工作中被称为“默示条款”或称“隐含条款”。

三、索赔的依据

在建设工程索赔中，证据是非常重要的。当事人在履行合同过程中要特别注意证据的收集和保存，在实践中，经常会由于证据资料不足，而导致索赔失败，索赔人已经发生的损失得不到补偿。索赔的证据要有“四性”，即真实性、时效性、全面性及法律证明效力性。通常，索赔的证据资料包括以下几类：

（1）招标文件。招标文件是工程项目合同文件的基础，包括通用条件、专用条件、施工技术规程、工程量表、工程范围说明、现场水文地质资料等文本，都是工程成本的基础资料。它们不仅是承包商投标报价的依据，也是索赔时计算附加成本的重要依据。

（2）投标报价文件。在投标报价文件中，承包商对各主要工种的施工单价进行了分析计算，对各主要工程量的施工效率和进度进行了分析，对施工所需的设备和材料列出了数量和价值，对施工过程中各阶段所需的资金数额提出了要求，等等。所有这些文件，在中标及签订施工协议书以后，都成为正式合同文件的组成部分，也成为施工索赔的基本依据。

（3）施工协议书及其附属文件。施工协议书及其附属文件，在签订施工协议书以前合同双方对于中标价格、施工计划合同条件等问题的讨论纪要文件中，如果对招标文件中的某个合同条款作了修改或解释，则这个纪要就是将来索赔计价的依据。

（4）来往信件。工程来往信件主要包括：工程师（或业主）的工程变更指令、口头变更确认函、加速施工指令、施工单价变更通知、对承包商问题的书面回答等，这些信函（包括电传、传真资料）都具有与合同文件同等的效力，是结算和索赔的依据资料。

（5）会议记录。工程会议纪要在索赔中也十分重要。它包括标前会议纪要、施工协调会议纪要、施工进度变更会议纪要、施工技术讨论会议纪要、索赔会议纪要，等等。会议纪要要有台账，对于重要的会议纪要，要建立审阅制度，即由作纪要的一方写好纪要稿后，送交对方传阅核签，如有不同意见，可在纪要稿上修改，也可规定一个核签期限（如7天），如纪要稿送出后7天内不返回核签意见即认为同意。这对会议纪要稿的合法性是很必要的。

（6）施工现场记录。施工现场记录主要包括施工日志、施工检查记录、工时记录、质量检查记录、设备或材料使用记录、施工进度记录或者工程照片、录相，等等。对于重要记录，如质量检查、验收记录，还应有工程师派遣的现场监理或现场监理员签名。

（7）工程财务记录。工程财务记录主要是记录工程进度款每月支付申请表，工人劳动计时卡和工资单，设备、材料和零配件采购单、付款收据，工程开支月报等。在索赔计价工作中，财务单证十分重要。

（8）现场气象记录。许多的工期拖延索赔都与气象条件有关。施工现场应注意记录和收集气象资料，如每月降水量、风力、气温、河水位、河水流量、洪水位、基坑地下水状况等。必要时还需要提供气象部门的资料作依据。

（9）市场信息资料。对于大中型土建工程，一般工期长达数年，对物价变动等报道资料，应系统地收集整理，这对于工程款的调价计算是必不可少的，对索赔亦同等重要。如工程所在国官方出版的物价报道（包括主管部门的材料价格信息）、外汇兑换率行情、工人工资调整文件等。

（10）工程所在地的政策法令性文件。工程所在地的政策法令性文件如货币汇兑限制指令、调整工资的决定、税收变更指令、工程仲裁规则，等等。对于重大的索赔事项，如遇到复杂的法律问题时，承包商还需要聘请律师，专门处理这方面的问题。

在国外，承包企业的盈亏在很大程度上取决于是否善于索赔。索赔工作的关键是证明承包企业提出的索赔要求是正确的，要求索赔的数额计算是准确的，并提供足够的依据来证明索赔数额是完全合理的，如此索赔才能有效。

依据《标准施工招标文件》（2007年版）通用合同条款承包人可索赔事件见表4-2，发包人的相应权利见表4-3。

表4-2 《标准施工招标文件》（2007年版）通用合同条款承包人可索赔事件汇总表

序号	条款号	承包人可索赔事件
1	15.1（1）	发包人取消合同工作由发包人或第三人完成
2	3.4.5	监理人未按合同发出指示或指示延误或者错误
3	4.11.2	不利物质条件监理人未发出变更指示承包人采取合理措施
4	5.2.3	发包人提供的材料设备要求提前交货
5	5.2.6	发包人提供的材料设备数量／规格／质量不符合合同约定
6	5.4.3	发包人提供的材料设备不符合要求

7	7.3	发包人提供的基准资料错误
8	9.2.6	发包人原因造成承包人人员工伤
9	11.3	发包人原因造成工期延误的（图纸延误、未及时支付工程款、发包人原因暂停施工、增加合同工作、改变合同工作的质量或者特性、变更供货地点或延期交货）
10	11.4	异常恶劣气候（延长工期）
11	11.6	发包人要求工期提前
12	12.4.2	发包人暂停施工后不能按时复工的
13	13.1.3	发包人原因造成质量不合格的
14	13.5.3	监理人重新检查隐蔽工程质量合格的
15	14.1.3	监理人重新检验试验材料设备和工程质量符合合同约定
16	18.4.2	发包人在全部工程竣工前使用已接收的单位工程
17	18.6.2	发包人原因造成试运行失败
18	19.2.3	发包人原因造成的缺陷
19	19.4	进一步试验和试运行，责任在发包人的
20	20.6.4	未按约定投保的补救，责任在发包人的
21	21.3.1（4）	不可抗力停工期间监理人要求照管、清理和修复工程的费用
22	21.3.1（5）	不可抗力影响工期以及发包人要求赶工
23	21.3.4	不可抗力解除合同后退还订货发生的而费用
24	22.22	发包人违约承包人暂停施工

表 4-3 依据标准施工文件通用合同条款发包人可索赔事件汇总表

序号	条款号	发包人可索赔事件
1	5.2.5	承包人要求更改发包人提供的材料设备交货时间和地点
2	6.3	承包人施工设备不能满足质量和进度要求时增加或者更换
3	9.1.2	承包人原因造成发包人人员工伤
4	11.5	承包人原因造成工期延误
5	12.1	承包人暂停施工
6	12.4.2	承包人无故拖延和拒绝复工
7	13.1.2	承包人原因质量不符合要求造成返工
8	13.5.3	监理人重新检查隐蔽工程质量不合格的
9	14.1.3	监理人重新检验试验材料设备和工程质量不符合合同约定
10	18.7.2	承包人清场不符合约定发包人委托他人完成的
11	19.4	进一步试验和试运行责任在承包人

12	20.6.4	未按约定投保责任在承包人
13	22.1.2（2）	承包人违约
14	22.1.2（3）	合同解除后发包人的损失

四、施工索赔的处理程序

施工索赔的处理过程包括编写意向通知书、准备证据资料、编写索赔报告、提交索赔报告、索赔报告的评审、协商解决和争端的解决。

（一）意向通知

发现索赔或意识到存在索赔的机会后，承包商要做的第一件事就是要将自己的索赔意向书面通知给监理工程师（业主）。这种意向通知是非常重要的，它标志着一项索赔的开始。在引起索赔事件第一次发生之后的28天内，承包商将他的索赔意向以书面形式通知工程师，同时将1份副本呈交业主。事先向监理工程师（业主）通知索赔意向，这不仅是承包商要取得补偿的必须首先遵守的基本要求之一，也是承包商在整个合同实施期间保持良好的索赔意识的最好办法。索赔意向通知，通常包括以下四个方面的内容：

（1）事件发生的时间和情况的简单描述。

（2）合同依据的条款和理由。

（3）有关后续资料的提供，包括及时记录和提供事件发展的动态。

（4）对工程成本和工期产生的不利影响的严重程度，以期引起监理工程师的注意。

一般索赔意向通知仅仅是表明意向，应简明扼要，涉及索赔内容但不涉及索赔金额。

（二）准备证据资料

索赔的成功很大程度上取决于承包商对索赔作出的解释和具有强有力的证明材料。因此，承包商在正式提出索赔报告前的资料准备工作极为重要，这就要求承包商注意记录和积累保存以下各方面的资料，并可随时从中索取与索赔事件有关的证据资料。

（1）施工日志。应指定有关人员现场记录施工中发生的各种情况，包括天气、出工人数、设备数量及其使用情况、进度、质量情况、安全情况、监理工程师在现场有什么指示、进行了什么实验、有无特殊干扰施工的情况、遇到了什么不利的现场条件、多少人员参观了现场，等等。这种现场记录和日志有利于及时发现和正确分析索赔，可能是索赔的重要证据材料。

（2）来往信件。对与监理工程师、业主和有关政府部门、银行、保险公司的来往信函必须认真保存，并注明发送和收到的详细时间。

（3）气象资料。在分析进度安排和施工条件时，天气是考虑的重要因素之一，因此，要保持一份如实完整、详细的天气情况记录，包括气温、风力、湿度、降雨量、暴雨雪、冰雹等。

（4）备忘录。承包商对监理工程师和业主的口头指示和电话应随时用书面记录，并请签字给予书面确认事件发生和持续过程的重要情况记录。

（5）会议纪要。承包商、业主和监理工程师举行会议时要作好详细记录，对其主要问题形成会议纪要，并由会议各方签字确认。

（6）工程照片和工程声像资料。这些资料都是反映工程客观情况的真实写照，也是法律承认的有效证据，应拍摄有关资料并妥善保存。

（7）工程进度计划。承包商编制的经监理工程师或业主批准同意的所有工程总进度、年进度、季进度、月进度计划都必须妥善保管，任何与延期有关的索赔分析，工程进度计划都是非常重要的证据。

（8）工程核算资料。工人劳动计时卡和工资单、设备材料和零配件采购单、付款数收据、工程开支月报、工程成本分析资料、会计报表、财务报表、货币汇率、物价指数、收付款票据都应分类装订成册，这些都是进行索赔费用计算的基础。

（9）工程图纸。工程师和业主签发的各种图纸，包括设计图、施工图、竣工图及其相应的修改图应注意对照检查和妥善保存，设计变更一类的索赔，原设计图和修改图的差异是索赔最有力的证据。

（10）招投标文件。招投标文件是承包商报价的依据，是工程成本计算的基础资料，是索赔时进行附加成本计算的依据。投标文件是承包商编标报价的成果资料，对施工所需的设备、材料列出了数量和价格，也是索赔的基本依据。

（三）编写索赔报告

索赔报告是承包商向监理工程师（业主）提交的一份要求业主给予一定经济（费用）补偿和（或）延长工期的正式报告。索赔事件发生 28 天内，应向监理工程师送交索赔报告，监理工程师在收到承包人送交的索赔报告和有关资料后，28 天内未予答复或未对承包人做进一步要求，视为该项索赔已经认可。

1．施工索赔报告的内容

施工索赔报告一般应包括以下内容：

（1）提出所发生的索赔事项。要开门见山，简明扼要地说明问题。

（2）用简练的语言，清楚地讲明索赔事项的具体内容。

（3）提出索赔的合法依据，通常是阐明根据合同或法律法规以及其他凭据中的哪一条款提出索赔的。

（4）提出索赔数及计算凭证。索赔数额要实事求是，计算要符合国家的政策。计算凭证一定要真实，不可涂抹造假。

（5）提出对方应在收到文件后予以答复的时间（一般应按合同规定的时间）。

2．索赔报告的基本要求

第一，必须说明索赔的合同依据，即基于何种理由有资格提出索赔要求。一种是根据合同某条款规定，承包商有资格因合同变更或追加额外工作而取得费用补偿和（或）延长工期；一种是业主或其代理人任何违反合同规定给承包商造成损失，承包商有权索取补偿。第二，索赔报告中必须有详细准确的损失金额及时间的计算。第三，要证明客观事实与损失之间的因果关系，说明索赔前因后果的关联性，要以合同为依据，说明业主违约或合同变更与引起索赔的必然性联系。如果不能有理有据说明因果关系，而仅在事件的严重性和损失的巨大上花费过多的笔墨，对索赔的成功都无济于事。

3．索赔报告的形式和内容

索赔报告应简明扼要，条理清楚，便于对方由表及里、由浅入深地阅读和了解，注意对索赔报告形式和内容的安排也是很有必要的。一般可以考虑用金字塔的形式安排编写，如图 4-1 所示。

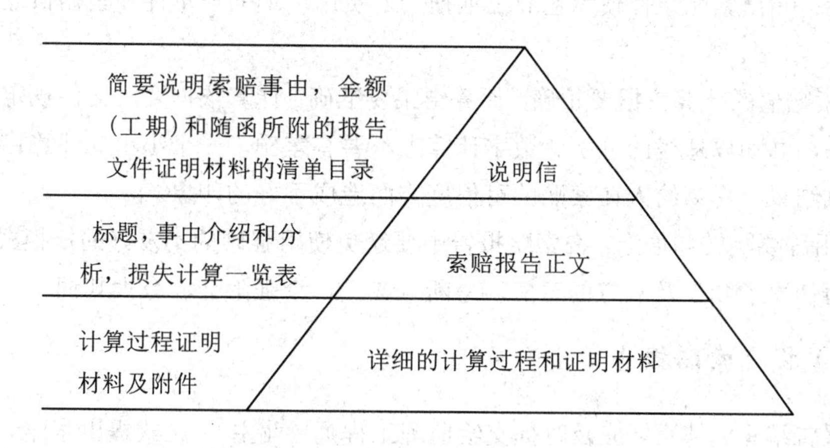

图 4-1　索赔报告的形式和内容

说明信是承包商递交索赔报告时的前言，必须简明扼要，要让监理工程师（业主）了解所提交的索赔报告的概况。

索赔报告正文，包括题目、事件、理由（依据）、因果分析、索赔费用（工期）。事件是对索赔事件发生的原因和经过，包括双方活动所附的证明材料。理由是指出根据所陈述的事件，提出索赔的根据。因果分析是指依上述事件和理由所造成成本增加、工期延长的必然结果。最后提出索赔费用（工期）的分项总计的结果。

详细的计算过程和证明材料的附件是支持索赔报告的有力依据，一定要和索赔中提到的完全一致，不可有丝毫相互矛盾的地方，否则有可能导致索赔失败。

应当注意，承包商除了提交索赔报告的资料外，还要准备一些与索赔有关的各种细节性的资料，以便对方提出问题时进行说明和解释，比如运用图表的形式对实际成本与预算成本、实际进度与计划进度、修订计划与原计划的比较、人员工资上涨、材料设备价格上涨、各时期工作任务密度程度的变化、资金流进流出等，通过图表来说明和解释，使之一目了然。

4．索赔报告应注意的问题

编写索赔报告是一项复杂的工作，须有一个专门的小组和各方的大力协助才能完成。索赔小组的人员应具有合同、法律、工程技术、施工组织计划、成本核算、财务管理、写作等各方面的知识，进行深入的调查研究，对较大的、复杂的索赔需要请有关专家咨询，对索赔报告进行反复讨论和修改，写出的报告不仅有理有据，而且必须准确可靠。应特别强调以下几点：

（1）责任分析应清楚、准确。在报告中所提出索赔的事件的责任是对方引起的。应把全部或主要责任推给对方，不能有责任含混不清和自我批评式的语言。要作到这一点，就必须强调事件的不可预见性，承包商对它不能有所准备，事发后尽管采取能够采取的措施也无法制止；指出索赔事件使承包商工期拖延、费用增加的严重性和索赔值之间的直接因果关系。

（2）索赔值的计算依据要正确，计算结果要准确。计算依据要用文件规定的公认合理的计算方法，并加以适当的分析。数字计算上不要有差额，一个小小的计算错误可能影响到整个计算结果，容易给人在索赔的可信度方面造成不好的印象。

（3）用辞要婉转和恰当。在索赔报告中要避免使用强硬的不友好的抗拒式的语言。不能因语言而伤害了和气及双方的感情，忌断章取义、牵强附会、夸大其词。

（四）提交索赔报告

索赔报告编写完毕后，应及时提交给监理工程师（业主），正式提出索赔。索赔报告提交后，承包商不能被动等待，应隔一定的时间，主动向对方了解索赔处理的情况，根据所提出的问题进一步作资料方面的准备，或提供补充资料，尽量为监理工程师处理索赔提供帮助、支持和合作。

索赔的关键问题在于“索”，承包商不积极主动去“索”，业主没有任何义务去“赔”，因此，提交索赔报告本身就是“索”，但要让业主“赔”，提交索赔报告，还只是刚刚开始，承包商还有许多更艰难的工作。

（五）索赔报告评审

工程师（业主）接到承包商的索赔报告后，应该马上仔细阅读其报告，并对不合理的索赔进行反驳或提出疑问，工程师将自己掌握的资料和处理索赔的工作经验可能就以下问题提出质疑：

（1）索赔事件不属于业主和监理工程师的责任，而是第三方的责任。

（2）承包商未能遵守索赔意向通知书的要求。

（3）事实和合同依据不足。

（4）承包商没有采取适当措施避免或减少损失。

（5）索赔是由不可抗力引起的，承包商没有划分和证明双方责任的大小。

（6）合同中的开脱责任条款已经免除了业主补偿的责任。

（7）损失计算夸大。

（8）承包商必须提供进一步的证据。

（9）承包商以前已明示或暗示放弃了此次索赔的要求，等等。

在评审过程中，承包商应对工程师提出的各种质疑做出圆满的答复。

（六）协商解决

经过监理工程师对索赔报告的评审，与承包商进行了较充分的讨论后，工程师应提出对索赔处理决定的初步意见，并参加业主和承包商进行的索赔协商，通过协商，作出索赔处理的最后决定。

（七）争端的解决

如果索赔在业主和承包商之间不能通过协商解决，可就其争端的问题进一步提交监理工程师解决直至仲裁或诉讼。如果在合同中约定了仲裁的，可以就此进行仲裁。如果没有约定仲裁的，可以就此进行诉讼。

五、索赔计算

工期延误也称为工程延误或进度延误，是指工程实施过程中任何一项或多项工作的实际完成日期迟于计划规定的完成日期，从而可能导致整个合同工期的延长。工期延误对合同双方一般都会造成损失。工期延误的后果是形式上的时间损失，实质上造成经济上的损失。

（一）工期索赔的依据和条件

工期索赔一般是指承包商依据合同对于非自身的原因而导致的工期延误向业主提出的工期顺延要求。

1．因业主和工程师原因导致的延误

因业主和工程师原因导致的延误主要包括以下几方面：

（1）业主未能及时交付合格的施工现场。

（2）业主未能建设交付设计图纸。

（3）业主或工程师未能及时审批图纸/施工方案/施工计划等

（4）业主未能及时支付预付款和工程款。

（5）业主或工程师设计变更导致工程延误或工程量增加。

（6）业主或工程师提供的数据错误导致的延误。

（7）业主或工程师拖延关键线路上工序的验收时间导致下道工序延误。

（8）其他（包括不可抗力原因）。

2．因承包商原因引起的延误

因承包商原因引起的延误的索赔属于工期反索赔，是业主根据合同对于非自身的原因而导致的工期延误向承包商提出的工期赔偿要求。承包商引起的延误主要包括以下几方面：

（1）计划不周密。

（2）质量不符合合同要求而返工。

（3）施工组织不当，出现窝工或停工待料的情况。

（4）资源配置不足。

（5）劳动生产率低。

（6）开工延误。

（7）分包商或供货商延误等。

（二）工期索赔的计算方法

工期索赔的计算方法主要有网络分析和比例分析法两种。

1．网络分析法

网络分析法是利用进度计划的网络图，分析其关键线路。如果延误的工作为关键工作，则延误的时间为索赔的工期；如果延误的工作为非关键工作，当该工作由于延误超过时限制而成为关键时，可以索赔延误时间与时差的差值；若该工作延误后仍为非关键工作，则不存在工期索赔问题。

可以看出，网络分析要求承包商切实使用网络技术进行进度控制，才能依据网络计划提出工期索赔。按照网络分析得出的工期索赔值是科学合理的，容易得到认可。

2．比例分析法

比例分析法的公式：

对于已知部分工程的延期的时间：

$$工期索赔值=\frac{受干扰部分工程的合同价}{原合同总价}\times 该受干扰部分工期拖延时间$$

对于已知额外增加工程量的价格：

$$工期索赔值=\frac{额外增加的工程量的价格}{原合同总价}\times 原合同总工期$$

比例分析法简单方便，但有时不符合实际情况，比例计算法不适用于变更施工顺序、加速施工、删减工程量等事件的索赔。

（三）费用索赔计算方法

费用索赔计算方法包括总费用法和分项法两种。

1．总费用法

总费用法又称为总成本法，就是计算出该项工程的总费用，再从这个已实际开支的总费用中减去投标报价时的成本费用，即为要求补偿的索赔费用额。

总费用法并不十分科学，但仍被经常采用，原因是对于某些索赔事件，难于精确地确定它们导致的各项费用增加额。

一般认为在具备以下条件时采用总费用法是合理的：

（1）已开支的实际总费用经过审核，认为是比较合理的。

（2）费用的增加是由于对方原因造成的，其中没有承包商管理不善的责任。

（3）承包商的原始报价是比较合理的。

（4）由于该项索赔事件的性质以及现场记录的不足，难于采用更精确的计算方法。

2．分项法

分项法是将索赔的损失的费用分项进行计算。

（1）人工费索赔。人工费索赔包括额外雇佣劳务人员、加班工作、工资上涨、人员闲置和劳动生产率降低的费用。

对于额外雇佣劳务人员和加班工作，用投标时的人工单价乘以工时数即可，对于人员闲置费用，一般折算为人工单价的0.75；工资上涨是指由于工程变更，使承包商的大量人力资源的使用从前期推到后期，而后期工资水平上调，因此应得到相应的补偿。有时工程师指令进行计日工，则人工费按计日工表中的人工单价计算。对于劳动生产率降低导致的人工费索赔，一般可用如下方法计算：

①实际成本和预算成本比较法。这种方法是对受干扰影响工作的实际成本与合同中的预算成本进行比较，索赔其差额。这种方法需要有正确合理的估价体系和详细的施工记录。

如某工程的现场混凝土模板制作，原计划 20000 m^2，估计人工工时为 20000，直接人工成本为 32000 美元。因业主未及时提供现场施工的场地占有权，使承包商被迫在雨季进行该项工作，实际人工工时 24000，人工成本为 38400 美元，使承包商造成生产率降低的损失为 6400 美元。这种索赔，只要预算成本和实际成本计算合理，成本的增加确属业主的原因，其索赔成功的把握是很大的。

②正常施工期与受影响期比较法。这种方法是在承包商的正常施工受到干扰，生产率下降，通过比较正常条件下的生产率和干扰状态下的生产率，得出生产率降低值，以此为基础进行索赔。

如某工程吊装浇注混凝土，前 5 天工作正常，第 6 天起业主架设临时电线，共有 6 天时间使吊车不能在正常角度下工作，导致吊运混凝土的方量减少。承包商有未受干扰时正常施工记录和受干扰时施工记录，如表 4-4 和表 4-5 所示。

表 4-4　未受干扰时正常施工记录　　单位：m^3/h

时间/天	1	2	3	4	5	平均值
平均劳动生产率	7	6	6.5	8	6	6.7

表 4-5　受干扰时施工记录　　单位：m^3/h

时间/天	1	2	3	4	5	6	平均值
平均劳动生产率	5	5	4	4.5	6	4	4.75

通过以上施工记录比较，劳动生产率降低值为

$$6.7-4.75=1.95\ m^3/h$$

索赔费用的计算公式为

索赔费用＝计划台班×（劳动生产率降低值/预期劳动生产率）×台班单价

（2）材料费索赔。材料费索赔包括材料消耗量增加和材料单位成本增加两种方面。追加额外工作、变更工程性质、改变施工方法等，都可能造成材料用量的增加或使用不同的材料。材料单位成本增加的原因包括材料价格上涨、手续费增加、运输费用（运距加长、二次倒运等）、仓储保管费增加，等等。材料费索赔需要提供准确的数据和充分的证据。

（3）施工机械费索赔。机械费索赔包括增加台班数量、机械闲置或工作效率降低、台班费率上涨等费用。

台班费率按照有关定额和标准手册取值。对于工作效率降低，应参考劳动生产率降低的人工索赔的计算方法。台班量的计算数据来自机械使用记录。对于租赁的机械，取费标准按租赁合同计算。

对于机械闲置费，有两种计算方法。一是按公布的行业标准租赁费率进行折减计算，

二是按定额标准的计算方法，一般建议将其中的不变费用和可变费用分别扣除一定的百分比进行计算。对于工程师指令进行计日工作的，按计日工作表中的费率计算。

（4）现场管理费索赔计算。现场管理费包括工地的临时设施费、通讯费、办公费、现场管理人员和服务人员的工资等。现场管理费索赔计算的方法一般为

现场管理费索赔值＝索赔的直接成本费用×现场管理费率

现场管理费率的确定选用下面的方法：

① 合同百分比法，即管理费比率在合同中规定。

② 原始估价法，即采用投标报价时确定的费率。

③ 行业平均水平法，即采用公开认可的行业标准费率。

④ 历史数据法，即采用以往相似工程的管理费率。

（5）总部管理费索赔计算。总部管理费是承包商的上级部门提取的管理费，如公司总部办公楼折旧、总部职员工资、交通差旅费、通讯、广告费等。

总部管理费与现场管理费相比，数额较为固定，一般仅在工程延期和工程范围变更时才允许索赔总部管理费。

（6）融资成本、利润与机会利润损失的索赔。融资成本又称为资金成本，即取得和使用资金所付出的代价，其中最主要的是支出资金供应者的利息。由于承包商只有在索赔事件处理完结后一段时间内才能得到其索赔的金额，所以承包商往往需从银行贷款或以自有资金垫付，这就产生了融资成本问题，主要表现在额外贷款利息的支付和自有资金的机会利润损失，在以下情况中，可以索赔利息：

①业主推迟支付工程款的保留金，这种金额的利息通常以合同约定的利率计算。

②承包商借款或动用自有资金弥补合法索赔事项所引起的现金流量缺口，在这种情况下，可以参照有关金融机构的利率标准，或者拟定把这些资金用于其他工程承包项目可得到的收益来计算索赔金额，后者实际上是机会利润损失的计算。

利润是完成一定工程量的报酬，因此在工程量的增加时可索赔利润。不同的国家和地区对利润的理解和规定有所不同，有的将利润归入总部管理费中，则不能单独索赔利润。机会利润损失是由于工程延期或合同终止而使承包商失去承揽其他工程的机会而造成的损失，在某些国家和地区，是可以索赔机会利润损失的。

（四）反索赔

工程项目的反索赔是指一方向另一方索赔要求的索赔，对抗对方的索赔要求。常见的是发包方向承包人提出的反索赔。项目的反索赔是发包方实施投资控制和保证实现目标的基本管理内容之一。发包方向承包人索赔的工作内容可包括两个方面：一是防止对方提出索赔；二是反击或反驳对方的索赔要求。

1．反索赔的内容

发包方向承包人提出的索赔的内容包括：

（1）工期延误反索赔（累计赔偿额一般不超过合同总额的10%）。

（2）施工（设计）缺陷索赔。

（3）对指定分包人的付款索赔。

（4）发包方合理终止合同或施工承包人不合理放弃工程的索赔。

2．反索赔的基本方法

反索赔的基本方法有以下几种：

（1）反击或反驳索赔报告。在研究对方索赔报告问题的基础上，可以从六个方面实施反击或反驳：①索赔意向或报告的时限性；②索赔事件的真实性；③索赔事件原因分析；④索赔理由分析；⑤索赔证据分析；⑥索赔值审核。

（2）寻找或质疑对方索赔报告中存在的问题。

（3）反索赔中的索赔数值审核要点：对工期索赔数值审核和对费用索赔数值审核。

工期索赔数值的审核包括：一是干扰事件是否发生在关键线路上；二是是否有重复计算；三是共同或交叉延期的判断；四是无权要求承包商缩短合同工期。

费用索赔数值的审核包括：一是确定索赔报告计算基础的合理性；二是确定是否过高的计算了索赔值；三是确定重复取费的程度；四是评估窝工和停工损失的可靠性；五是科学确定利润额度的合理程度。

（五）索赔成功的关键

工程索赔是一门涉及面广，融技术、经济、法律为一体的边缘学科，它不仅是一门科学，又是一门艺术，要想获得好的索赔成果，必须要有强有力的、稳定的索赔班子，正确的索赔战略和机动灵活的索赔技巧，这也是取得索赔成功的关键。

1．组建索赔班子

索赔是一项复杂细致而艰巨的工作，组建一个知识全面，有丰富索赔经验，稳定的索赔小组从事索赔工作是索赔成功的首要条件，索赔小组应由项目经理、合同法律专家、估算师、会计师、施工工程师组成，有专职人员搜集和整理由各职能部门和科室提供的有关信息资料，索赔人员要有良好的素质，要懂得索赔的战略和策略，工作要勤奋、务实、不好大喜功，头脑清晰，思路敏捷，有逻辑，善推理，懂得搞好各方的公共关系。

索赔小组的人员一定要稳定，不仅各负其责，而且每个成员要积极配合，齐心协力，对内部讨论的战略和对策要保守秘密。

2．确定索赔战略和策略

索赔战略和策略是承包商经营战略和策略的一部分，应当体现承包商目前利益和长远利益、全局利益和局部利益的统一，应由公司经理亲自把握和制定，索赔小组应提供决策的依据和建议。

索赔的战略和策略研究，对不同的情况，包含着不同的内容，有不同的重心，一般应包含如下几个方面：

（1）确定索赔目标。承包商的索赔目标是指承包商对索赔的基本要求，可对要达到的目标进行分解，按难易程度进行排队，并大致分析它们实现的可能性，从而确定最低、最高目标。

分析实现目标的风险，如能否抓住索赔机会，保证在索赔有效期内提出索赔；能否按期完成合同规定的工程量，执行业主加速施工指令；能否保证工程质量，按期交付工程；工程中出现失误后的处理办法等等。总之要注意对风险的防范，否则，就会影响索赔目标的实现。

（2）对被索赔方的分析。分析对方兴趣和利益所在，要让索赔在友好和谐的气氛中进行，处理好单项索赔和一揽子索赔的关系，对于理由充分而重要的单项索赔应力争尽早解决，对于业主坚持拖后解决的索赔，要按业主意见认真积累有关资料，为一揽子解决准备充分的材料。要根据对方的利益所在，对对方感兴趣的地方，承包商就在不过多损害自己的利益的情况下作适当的让步，打破问题的僵局，责任分析和法律分析方面要适当，在对方愿意接受索赔的情况下，就不要得理不让人，否则反而达不到索赔目的。

（3）承包商的经营战略分析。承包商的经营战略直接制约着索赔的策略和计划。在分析业主情况和工程所在地的情况以后，承包商应考虑有无可能与业主继续进行新的合作，是否在当地继续扩展业务，承包商与业主之间的关系对当地开展业务有何影响，等等。这些问题决定着承包商的整个索赔要求和解决的方法。

（4）相关关系分析。利用监理工程师、设计单位、业主的上级主管部门对业主施加影响，往往比同业主直接谈判有效，承包商要同这些单位搞好关系，展开“公关”，取得他们的同情和支持，并与业主沟通，这就要求承包商对这些单位的关键人物进行分析，同他们搞好关系，利用他们同业主的微妙关系从中斡旋、调停，能使索赔达到十分理想的效果。

（5）谈判过程分析。索赔一般都在谈判桌上最终解决，索赔谈判是双方面对面的较量，是索赔能否取得成功的关键。一切索赔的计划和策略都是在谈判桌上体现和接受检验。因此，在谈判之前要做好充分准备，对谈判的可能过程要做好分析。如怎样保持谈判的友好和谐气氛，估价对方在谈判过程中会提什么问题，采取什么行动，我方应采取什么措施争取有利的时机等等。因为索赔谈判是承包商要求业主承认自己的索赔，承包商处于很不利的地位，如果谈判一开始就气氛紧张，情绪对立，有可能导致业主拒绝谈判，使谈判旷日持久，这是最不利索赔问题解决的。谈判应从业主关心的议题入手，从业主感兴趣的问题开谈，使谈判气氛保持友好和谐是很重要的。

谈判过程中要讲事实，重证据，既要据理力争，坚持原则，又要适当让步，机动灵活，所谓索赔的“艺术”，往往在谈判桌上能得到充分的体现，所以，选择和组织好精明强干、有丰富的索赔知识和经验的谈判班子就显得极为重要。

3．索赔的技巧

索赔的技巧是为索赔的战略和策略目标服务的，因此，在确定了索赔的战略和策略目标之后，索赔技巧就显得格外重要，它是索赔策略的具体体现。索赔技巧应因人、因客观环境条件而异，现提出以下各项供参考：

（1）商签好合同协议。在商签合同过程中，承包商应对明显把重大风险转嫁给承包商的合同条件提出修改的要求，对其达成修改的协议应以“谈判纪要”的形式写出，作为该合同文件的有效组成部分。要对业主开脱责任的条款特别注意，如：合同中不列索赔条款；拖期付款无时限，无利息；没有调价公式；业主认为对某部分工程不够满意，即有权决定扣减工程款；业主对不可预见的工程施工条件不承担责任，等等。如果这些问题在签订合同协议时不谈判清楚，承包商就很难有索赔机会。

（2）及时发现索赔机会。一个有经验的承包商，在投标报价时就应考虑将来可能要发生索赔的问题，要仔细研究招标文件中合同条款和规范，仔细查勘施工现场，探索可能索赔的机会，在报价时要考虑索赔的需要。在进行单价分析时，应列入生产效率，把工程成本与投入资源的效率结合起来。这样在施工过程中论证索赔原因时，可引用效率降低来论证索赔的根据。

在索赔谈判中，如果没有生产效率降低的资料，则很难说服监理工程师和业主，索赔无取胜可能。反而可能被认为生产效率的降低是承包商施工组织不好，没达到投标时的效率，应采取措施提高效率，赶上工期。

要论证效率降低，承包商应做好施工记录，记录好每天使用的设备工时、材料和人工数量、完成的工程及施工中遇到的问题。

（3）及时发出索赔通知书。一般合同规定，索赔事件发生后的一定时间内，承包商必须送出索赔通知书，过期无效。

（4）索赔事件论证要充足。承包合同通常规定，承包商在发出索赔通知书后，每隔一定时间（28 天），应报送一次证据资料，在索赔事件结束后的 28 天内报送总结性的索赔计算及索赔论证，提交索赔报告。索赔报告一定要令人信服，经得起推敲。

（5）索赔计价方法和款额要适当。索赔计算时采用附加成本法容易被对方接受，因为这种方法只计算索赔事件引起的计划外的附加开支，计价项目具体，使费用索赔能较快得到解决。另外索赔计价不能过高，要价过高容易让对方产生反感，使索赔报告束之高阁，长期得不到解决。另外还有可能让业主准备周密的反索赔计划，以高额的反索赔对付高额的索赔，使索赔工作更加复杂化。

（6）力争单项索赔，避免一揽子索赔。单项索赔事件简单，容易解决，而且能及时得到支付。一揽子索赔，问题复杂，金额大，不易解决，往往到工程结束后还得不到付款。

（7）力争友好解决，防止对立情绪。索赔争端是难免的，如果遇到争端不能理智协商讨论问题，使一些本来可以解决的问题悬而未决。承包商尤其要头脑冷静，防止对立情绪，力争友好解决索赔争端。

（8）坚持采用清理帐目法。承包商往往只注意接受业主按对某项索赔的当月结算索赔款，而忽略了该项索赔款的余额部分。没有以文字的形式保留自己今后获得余额部分的权利，等于同意并承认了业主对该项索赔的付款，以后对余额再无权追索。

因为在索赔支付过程中，承包商和监理工程师对确定新单价和工程量方面经常存在不同意见。按合同规定，工程师有决定单价的权力，如果承包商认为工程师的决定不尽合理，而坚持自己的要求时，可同意接受工程师决定的临时单价或临时价格付款，先拿到一部分索赔款，对其余不足部分，则书面通知工程师和业主，作为索赔款的余额，保留自己的索赔权利，否则，将失去了将来要求付款的权利。

（9）注意同监理工程师搞好关系。监理工程师是处理解决索赔问题的公正的第三方，注意同工程师搞好关系，争取工程师的公正裁决，竭力避免仲裁或诉讼。

【实训】地基处理与基础工程施工索赔解析

背景：某施工单位 A 与某建设单位 B 签订了某项工业建筑的地基处理与基础工程施工合同。由于工程量无法准确确定，根据施工合同专用条款的规定，按施工图预算方式计价，B 必须严格按照施工图及施工合同规定的内容及技术要求施工。B 的分项工程首先向监理工程师申请质量认证，取得质量认证后，向造价工程师提出计量申请和支付工程款。工程开工前，B 提交了施工组织设计并得到批准。

【问题 1】在工程施工过程中，当进行到施工图所规定的处理范围边缘时，B 在取得在场的监理工程师认可的情况下，为了使夯击质量得到保证，将夯击范围适当扩大。施工完成后，乙方将扩大范围内的施工工程量向造价工程师提出计量付款的要求，但遭到拒绝。试问造价工程师拒绝承包商的要求合理否？为什么？

【问题 2】在工程施工过程中，B 根据监理工程师指示就部分工程进行变更施工。试问工程变更部分合同价款应根据什么原则确定？

【引例分析】

【答 1】因为固定价格合同适用于工程量不大且能够较准确计算、工期较短、技术不太复杂、风险不大的项目。该工程基本符合这些条件，故采用固定价格合同是合适的。

【答 2】根据《中华人民共和国合同法》和《建设工程施工合同（示范文本）》的有关规定，建设工程合同应当采取书面形式，合同变更亦应当采取书面形式。若在应急情况下，可采取口头形式，但事后应予以书面形式确认。否则，在合同双方对合同变更内容有争议时，往往因口头形式协议很难举证，而不得不以书面协议约定的内容为准。本案例中甲方要求临时停工，乙方亦答应，是甲、乙双方的口头协议，且事后并未以书面的形式确认，所以该合同变更形式不妥。在竣工结算时双方发生了争议，对此只能以书面合同规定为准。

在施工期间，甲方因资金紧缺要求乙方停工一个月，此时乙方应享有索赔权。乙方虽然未按规定程序及时提出索赔，丧失了索赔权，但是根据《民法通则》之规定，在民事权利的诉讼时效期内，仍享有通过诉讼要求甲方承担违约责任的权利。甲方未能及时支付工程款，应对停工承担责任，故应当赔偿乙方一个月的实际经济损失，工期顺延一个月。工程因质量问题返工，造成逾期交付，责任在乙方，故乙方应当支付逾期交工一个月的违约金，因质量问题引起的返工费用由乙方承担。

【合同管理模版】

一、《行业标准施工招标文件》合同专用条款（节选）

《行业标准施工招标文件》合同专用条款的主要条款节选内容如下：

1．一般约定

1.1 词语定义

1.1.2 合同当事人和人员。

1.1.2.2 发包人：________________________________。

1.1.2.6 监理人：________________________________。

1.1.2.8 发包人代表：指发包人指定的派驻施工场地（现场）的全权代表。

姓　名：________________________________。

职　称：________________________________。

联系电话：________________________________。

电子信箱：________________________________。

通信地址：____。

1.1.3 工程和设备。

1.1.3.2 永久工程：____。

1.1.3.3 临时工程：____。

1.1.3.10 永久占地：____。

1.1.3.11 临时占地：____。

1.1.4 日期。

1.1.4.5 缺陷责任期期限：________月。

1.4 合同文件的优先顺序

合同文件的优先解释顺序如下：

（1）合同协议书；

（2）中标通知书；

（3）投标函及投标函附录；

（4）专用合同条款；

（5）通用合同条款；

（6）____；

（7）____；

（8）____；

（9）____。

说明：（6）、（7）、（8）填空内容分别限于技术标准和要求、图纸、已标价工程量清单三者之一。

1.5 合同协议书

合同生效的条件：____。

1.6.2 承包人提供的文件

（1）由承包人提供的文件范围：______________________________。

（2）承包人提供文件的期限：________________________________。

（3）承包人提供文件的数量：________________________________。

（4）监理人批复承包人提供文件的期限：________________________。

（5）其他约定：____。

1.7 联络

1.7.2 联络来往函件的送达和接收。

（1）联络来往信函的送达期限：合同约定了发出期限的，送达期限为合同约定的发出期限后的 24 小时内；合同约定了通知、提供或者报送期限的，通知、提供或者报送期限即为送达期限。

（2）发包人指定的接收地点：____________________。

（3）发包人指定的接收人为：____________________。

（4）监理人指定的接收地点：____________________。

（5）监理人指定的接收人为：____________________。

2．发包人义务

2.3 提供施工场地

施工场地应当在监理人发出的开工通知中载明的开工日期前____天具备施工条件并移交给承包人。发包人最迟应当在移交施工场地的同时向承包人提供施工场地内地下管线和地下设施等有关资料，并保证资料的真实、准确和完整。

3．监理人

3.1 监理人的职责和权力

3.1.1 须经发包人批准行使的权力：____________________。

4．承包人

4.1 承包人的一般义务

4.1.8 为他人提供方便。

承包人应当对在施工场地或者附近实施与合同工程有关的其他工作的独立承包人履行管理、协调、配合、照管和服务义务，由此发生的费用被认为已经包括在承包人的签约合同价（投标总报价）中，具体工作内容和要求包括：____________________。

4.1.10 其他义务。

（1）根据发包人委托，在其设计资质等级和业务允许的范围内，完成施工图设计或与工程配套的设计，经监理人确认后使用，发包人承担由此发生的费用和合理利润。由承包人负责完成的设计文件属于合同条款第 1.6.2 项约定的承包人提供的文件，承包人应按照专用合同条款第 1.6.2 项约定的期限和数量提交，由此发生的费用被认为已经包括在承包人的签约合同价（投标总报价）中。由承包人承担的施工图设计或与工程配套的设计工作内容：____________________。

（2）承包人应履行合同约定的其他义务以及下述义务：____________________。

4.2 履约担保

4.2.1 履约担保的格式和金额。

承包人应在签订合同前，按照发包人在招标文件中规定的格式或者其他经过发包人认可的格式向发包人递交一份履约担保。经过发包人事先书面认可的其他格式的履约担保，其担保条款的实质性内容应当与发包人在招标文件中规定的格式内容保持一致。履约担保的金额为________________。履约担保是本合同的附件。

4.11 不利物质条件

4.11.1 不利物质条件的范围：________________________________。

5．材料和工程设备

5.1 承包人提供的材料和工程设备

5.1.2 承包人将由其提供的材料和工程设备的供货人及品种、规格、数量和供货时间等报送监理人审批的期限：__________________________________。

6．施工设备和临时设施

6.1 承包人提供的施工设备和临时设施

6.1.2 发包人承担修建临时设施的费用的范围：________________________。

需要发包人办理申请手续和承担相关费用的临时占地：_____________

6.2 发包人提供的施工设备和临时设施

发包人提供的施工设备和临时设施：_________________________________。

发包人提供的施工设备和临时设施的运行、维护、拆除、清运费用的承担人：_____。

7．交通运输

7.1 道路通行权和场外设施

取得道路通行权、场外设施修建权的办理人：________________，其相关费用由发包人承担。

7.2 场内施工道路

7.2.1 施工所需的场内临时道路和交通设施的修建、维护、养护和管理人：__________，相关费用由______________承担。

7.4 超大件和超重件的运输

运输超大件或超重件所需的道路和桥梁临时加固改造等费用的承担人：________。

8．测量放线

8.1 施工控制网

8.1.1 发包人通过监理人提供测量基准点、基准线和水准点及其书面资料的期限：____。

承包人测设施工控制网的要求：______________________。

承包人将施工控制网资料报送监理人审批的期限：______________。

9．施工安全、治安保卫和环境保护

9.2 承包人的施工安全责任

9.2.1 承包人向监理人报送施工安全措施计划的期限：__________。

监理人收到承包人报送的施工安全措施计划后应当在________天内给予批复。

9.3 治安保卫

9.3.3 施工场地治安管理计划和突发治安事件紧急预案的编制责任人：____。

9.4 环境保护

9.4.2 施工环保措施计划报送监理人审批的时间：______________。

监理人收到承包人报送的施工环保措施计划后应当在_____天内给予批复。

10．进度计划

10.1 合同进度计划

（1）承包人应当在收到监理人按照通用合同条款第 11.1.1 项发出的开工通知后 7 天内，编制详细的施工进度计划和施工方案说明并报送监理人。承包人编制施工进度计划和施工方案说明的内容：______________________施工进度计划中还应载明要求发包人组织设计人进行阶段性工程设计交底的时间。

（3）承包人编制分阶段或分项施工进度计划和施工方案说明的内容：________。

承包人报送分阶段或分项施工进度计划和施工方案说明的期限____________。

（4）群体工程中单位工程分期进行施工的，承包人应按照发包人提供图纸及有关资料的时间，按单位工程编制进度计划和施工方案说明。群体工程中有关进度计划和施工方案说明的要求：________________________。

10.2 合同进度计划的修订

（1）承包人报送修订合同进度计划申请报告和相关资料的期限：__________。

（2）监理人批复修订合同进度计划申请报告的期限：______________。

（3）监理人批复修订合同进度计划的期限：______________。

11．开工和竣工

11.3 发包人的工期延误

（7）因发包人原因不能按照监理人发出的开工通知中载明的开工日期开工。除发包人原因延期开工外，发包人造成工期延误的其他原因还包括：______________

______________________线路工作的情况。

11.4 异常恶劣的气候条件

异常恶劣的气候条件的范围和标准：________________________________。

11.5 承包人的工期延误

逾期竣工违约金的计算标准：________________________________。

逾期竣工违约金的计算方法：________________________________。

逾期竣工违约金最高限额：________________________________。

11.6 工期提前

提前竣工的奖励办法：________________________________。

12．暂停施工

12.1 承包人暂停施工的责任

（5）承包人承担暂停施工责任的其他情形：________________________。

13．工程质量

13.2 承包人的质量管理

13.2.1 承包人向监理人提交工程质量保证措施文件的期限：______________。

监理人审批工程质量保证措施文件的期限：________________________。

13.3 承包人的质量检查

承包人向监理人报送工程质量报表的期限：________________________。

承包人向监理人报送工程质量报表的要求：________________________。

监理人审查工程质量报表的期限：________________________________。

13.4 监理人的质量检查

承包人应当为监理人的检查和检验提供方便，监理人可以进行察看和查阅施工原始记录的其他地方包括：____。

13.5 工程隐蔽部位覆盖前的检查

13.5.1 监理人对工程隐蔽部位进行检查的期限：__________________。

14．变更

14.1 变更的范围和内容

应当进行变更的其他情形：________________________________。

14.3 变更程序

14.3.2 变更估价。

（1）承包人提交变更报价书的期限：____________________________。

（2）监理人商定或确定变更价格的期限：________________________。

14.4 变更的估价原则

14.4.5 合同协议书约定采用单价合同形式时，因非承包人原因引起已标价工程量清单中列明的工程量发生增减，且单个子目工程量变化幅度在_____%以内（含）时，应执行已标价工程量清单中列明的该子目的单价；单个子目工程量变化幅度在_____%以外（不含），且导致分部分项工程费总额变化幅度超过_____%时，由承包人提出并由监理人按第3.5款商定或确定新的单价，该子目按修正后的新的单价计价。

14.4.6 因变更引起价格调整的其他处理方式：______________________。

14.5 承包人的合理化建议

14.5.2 对承包人提出合理化建议的奖励方法：______________________。

14.8.3 发包人在工程量清单中给定暂估价的专业工程不属于依法必须招标的范围或者未达到依法必须招标的规模标准的，其最终价格的估价人为：__________按照下列约定：______________________________________。

15．价格调整

15.1 物价波动引起的价格调整

物价波动引起的价格调整方法：______________________。

其他约定______________________________________。

16．计量与支付

16.1 计量

16.1.3 计量周期。

（1）本合同的计量周期为月，每月___日为当月计量截止日期（不含当日）和下月计量起始日期（含当日）。

（2）本合同________[执行（采用单价合同形式时）/不执行（采用总价合同形式时）]通用合同条款本项约定的单价子目计量。总价子目计量方法按专用合同条款第 17.1.5项总价子目的计量——____________（支付分解报告/按实际完成工程量计量）。

（1）总价子目的价格调整方法：______________________。

16.1.5 总价子目的计量一按实际完成工程量计量。

（1）总价子目的价格调整方法：______________________。

16.2 预付款

16.2.1 预付款。

（1）预付款额度。

分部分项工程部分的预付款额度：______________________。

措施项目部分预付款额度：____________________________________。

其中：安全文明施工费用预付额度：________________________。

（2）预付办法。

预付款预付办法：____。

预付款的支付时间：____。

16.2.2 预付款保函。

预付款保函的金额与预付款金额相同。预付款保函的提交时间：________。

16.2.3 预付款的扣回与还清。

预付款的扣回办法：____。

16.3 工程进度付款

16.3.2 进度付款申请单。

进度付款申请单的份数：______________________________________。

进度付款申请单的内容：______________________________________。

16.3.3 进度付款证书和支付时间。

逾期付款违约金的计算标准为__________________________________。

逾期付款违约金的计算方法为__________________________________。

进度付款涉及政府性资金的支付方法：__________________________。

16.5 竣工结算

16.5.1 竣工付款申请单。

承包人提交竣工付款申请单的份数：____________________________。

承包人提交竣工付款申请单的期限：____________________________。

竣工付款申请单的内容：______________________________________。

16.6 最终结清

16.6.1 最终结清申请单。

承包人提交最终结清申请单的份数：____________________________。

承包人提交最终结清申请单的期限：____________________________。

17．竣工验收

17.2 竣工验收申请报告

（2）承包人负责整理和提交的竣工验收资料应当符合工程所在地建设行政主管部门和（或）城市建设档案管理机构有关施工资料的要求，具体内容包括：______。

竣工验收资料的份数：____。

竣工验收资料的费用支付方式：________________________________。

17.5 施工期运行

17.5.1 需要施工期运行的单位工程或设备安装工程：______________。

17.8 施工队伍的撤离

缺陷责任期满时，承包人可以继续在施工场地保留的人员和施工设备以及最终撤离的期限：____。

17.9 中间验收

本工程需要进行中间验收的部位如下：________________________。

18．缺陷责任与保修责任

18.7 保修责任

（1）工程质量保修范围：________________________________。

（2）工程质量保修期限：________________________________。

（3）工程质量保修责任：________________________________。

19．保险

19.1 工程保险

本工程________________（投保/不投保）工程保险。投保工程保险时，险种为：______________，并符合以下约定。

（1）投保人：______________________________。

（2）投保内容：____________________________。

（4）保险金额：____________________________。

（5）保险期限：____________________________。

19.4 第三者责任险

19.4.2 保险金额：____________________________，保险费率由承包人与发包人同意的保险人商定，相关保险费由________承担。

19.5 其他保险

承包人应为其施工设备、进场材料和工程设备等办理的保险：____________。

19.6 对各项保险的一般要求

19.6.1 保险凭证。

承包人向发包人提交各项保险生效的证据和保险单副本的期限：__________。

19.6.4 保险金不足的补偿。

保险金不足以补偿损失时，承包人和发包人负责补偿的责任分摊：__________。

20．不可抗力

20.1 不可抗力的确认

20.1.1 通用合同条款第 21.1.1 项约定的不可抗力以外的其他情形：________。

不可抗力的等级范围约定：____。

21．争议的解决

21.1 争议的解决方式

因本合同引起的或与本合同有关的任何争议，合同双方友好协商不成、不愿提请争议组评审或者不愿接受争议评审组意见的，选择下列第_____种方式解决：

（壹）提请__________仲裁委员会按照该会仲裁规则进行仲裁，仲裁裁决是终局的，对合同双方均有约束力。

（贰）向有管辖权的人民法院提起诉讼。

21.3 争议评审

21.3.4 争议评审组邀请合同双方代表人和有关人员举行调查会的期限：______。

21.3.5 争议评审组在调查会后作出争议评审意见的期限：__________________。

二、合同协议书

合同协议书

编号：________________

发包人（全称）：____

法 定 代 表 人：____

法定注册地址：____

承包人（全称）____

法 定 代 表 人：____

法定注册地址：____

发包人为建设__________________________（以下简称“本工程”），已接受承包人提出的承担本工程的施工、竣工、交付并维修其任何缺陷的投标。依照《中华人民共和国招标投标法》、《中华人民共和国合同法》、《中华人民共和国建筑法》及其他有关法律、行政法规，遵循平等、自愿、公平和诚实信用的原则，双方共同达成并订立如下协议。

1．工程概况

工程名称：__________________（项目名称）____________________标段

工程地点：____

工程内容：____

群体工程应附“承包人承揽工程项目一览表”（附件 1）

工程立项批准文号：________________

资金来源：________________

2．工程承包范围

承包范围：________________

详细承包范围见第七章“技术标准和要求”。

3．合同工期

计划开工日期：________年________月________日

计划竣工日期：________年________月________日

工期总日历天数________天，自监理人发出的开工通知中载明的开工日期起算。

4．质量标准

工程质量标准：________________

5．合同形式

本合同采用________________合同形式。

6．签约合同价

金额（大写）：________________元（人民币）

（小写）¥：________________元

其中，安全文明施工费：________________元

暂列金额：________________元（其中计日工金额________元）

材料和工程设备暂估价：________________元

专业工程暂估价：________________元

7．承包人项目经理

姓名：________________；职称：________________；

身份证号：________________；建造师执业资格证书号：________；

建造师注册证书号：________________。

建造师执业印章号：________________。

安全生产考核合格证书号：________________。

8．合同文件的组成

下列文件共同构成合同文件：

（1）本协议书；

（2）中标通知书；

（3）投标函及投标函附录；

（4）专用合同条款；

（5）通用合同条款；

（6）技术标准和要求；

（7）图纸；

（8）已标价工程量清单；

（9）其他合同文件。

上述文件互相补充和解释，如有不明确或不一致之处，以合同约定次序在先者为准。

9．本协议书中有关词语定义与合同条款中的定义相同。

10．承包人承诺按照合同约定进行施工、竣工、交付并在缺陷责任期内对工程缺陷承担维修责任。

11．发包人承诺按照合同约定的条件、期限和方式向承包人支付合同价款。

12．本协议书连同其他合同文件正本一式两份，合同双方各执一份；副本一式______份，其中一份在合同报送建设行政主管部门备案时留存。

13．合同未尽事宜，双方另行签订补充协议，但不得背离本协议第八条所约定的合同文件的实质性内容。补充协议是合同文件的组成部分。

发包人：____________（盖单位章）　　承包人：____________（盖单位章）

法定代表人或其　　　　　　　　　　　　法定代表人或其

委托代理人：____________（签字）　　委托代理人：__________（签字）

________年______月______　　　　　______年______月______日

签约地点：____________________________________

三、预付款担保格式

预付款担保

保函编号：________

____________________（发包人名称）：

鉴于你方作为发包人已经与____________________（承包人名称）(以下称“承包人”)于___年____月___订了__________（工程名称）施工承包合同（以下称“主合同”）。

鉴于该主合同规定，你方将支付承包人一笔金额为_____（大写：____________）的预付款（以下称“预付款”），而承包人须向你方提供与预付款等额的不可撤消和无条件兑现的预付款保函。

我方受承包人委托，为承包人履行主合同规定的义务作出如下不可撤销的保证：

我方将在收到你方提出要求收回上述预付款金额的部分或全部的索偿通知时，无须你方提出任何证明或证据，立即无条件地向你方支付不超过____________________（大写：＿＿＿＿＿＿＿＿＿＿＿＿）或根据本保函约定递减后的其他金额的任何你方要求的金额，并放弃向你方追索的权力。

我方特此确认并同意：我方受本保函制约的责任是连续的，主合同的任何修改、变更、中止、终止或失效都不能削弱或影响我方受本保函制约的责任。

在收到你方的书面通知后，本保函的担保金额将根据你方依主合同签认的进度付款证书中累计扣回的预付款金额作等额调减。

本保函自预付款支付给承包人起生效，至你方签发的进度付款证书说明已抵扣完毕为止。

除非你方提前终止或解除本保函。本保函失效后请将本保函退回我方注销。

本保函项下所有权利和义务均受中华人民共和国法律管辖和制约。

担 保 人：＿＿＿＿＿＿＿＿＿＿＿＿（盖单位章）

法定代表人或其委托代理人：＿＿＿＿（签字）

地　　址：＿＿＿＿＿＿＿＿＿＿＿＿＿＿＿＿＿＿

邮政编码：＿＿＿＿＿＿＿＿＿＿＿＿＿＿＿＿＿＿

电　　话：＿＿＿＿＿＿＿＿＿＿＿＿＿＿＿＿＿＿

传　　真：＿＿＿＿＿＿＿＿＿＿＿＿＿＿＿＿＿＿

＿＿＿＿年＿＿＿＿月＿＿＿＿日

备注：本预付款担保格式可采用经发包人认可的其他格式，但相关内容不得违背合同文件约定的实质性内容。

四、履约担保格式

承包人履约保函

＿＿＿＿＿＿＿＿＿＿＿＿（发包人名称）：

鉴于你方作为发包人已经与＿＿＿＿＿＿＿＿＿＿（承包人名称）（以下称“承包人”）于

＿＿＿年＿＿＿月＿＿＿日签订了＿＿＿＿＿＿＿＿＿＿（工程名称）施工承包合同（以下称“主合同”），应承包人申请，我方愿就承包人履行主合同约定的义务以保证的方式向你方提供如下担保：

1．保证的范围及保证金额

我方的保证范围是承包人未按照主合同的约定履行义务，给你方造成的实际损失。

我方保证的金额是主合同约定的合同总价款＿＿＿%，数额最高不超过人民币＿＿＿元（大写）。

2．保证的方式及保证期间

我方保证的方式为：连带责任保证。

我方保证的期间为：自本合同生效之日起至主合同约定的工程竣工日期后____日内。

你方与承包人协议变更工程竣工日期的，经我方书面同意后，保证期间按照变更后的竣工日期做相应调整。

3．承担保证责任的形式

我方按照你方的要求以下列方式之一承担保证责任：

（1）由我方提供资金及技术援助，使承包人继续履行主合同义务，支付金额不超过本保函第一条规定的保证金额。

（2）由我方在本保函第一条规定的保证金额内赔偿你方的损失。

4．代偿的安排

你方要求我方承担保证责任的，应向我方发出书面索赔通知及承包人未履行主合同约定义务的证明材料。索赔通知应写明要求索赔的金额，支付款项应到达的账号，并附有说明承包人违反主合同造成你方损失情况的证明材料。

你方以工程质量不符合主合同约定标准为由，向我方提出违约索赔的，还需同时提供符合相应条件要求的工程质量检测部门出具的质量说明材料。

我方收到你方的书面索赔通知及相应证明材料后，在_____工作日内进行核定后按照本保函的承诺承担保证责任。

5．保证责任的解除

（1）在本保函承诺的保证期间内，你方未书面向我方主张保证责任的，自保证期间届满次日起，我方保证责任解除。

（2）承包人按主合同约定履行了义务的，自本保函承诺的保证期间届满次日起，我方保证责任解除。

（3）我方按照本保函向你方履行保证责任所支付的金额达到本保函保证金额时，自我方向你方支付（支付款项从我方账户划出）之日起，保证责任即解除。

（4）按照法律法规的规定或出现应解除我方保证责任的其他情形的，我方在本保函项下的保证责任亦解除。

我方解除保证责任后，你方应自我方保证责任解除之日起_____个工作日内，将本保函原件返还我方。

6．免责条款

（1）因你方违约致使承包人不能履行义务的，我方不承担保证责任。

（2）依照法律法规的规定或你方与承包人的另行约定，免除承包人部分或全部义务的，我方亦免除其相应的保证责任。

（3）你方与承包人协议变更主合同（符合主合同合同条款第15条约定的变更除外），

如加重承包人责任致使我方保证责任加重的，需征得我方书面同意，否则我方不再承担因此而加重部分的保证责任。

（4）因不可抗力造成承包人不能履行义务的，我方不承担保证责任。

7．争议的解决

因本保函发生的纠纷，由贵我双方协商解决，协商不成的，任何一方均可提请仲裁委员会仲裁。

8．保函的生效

本保函自我方法定代表人（或其授权代理人）签字或加盖公章并交付你方之日起开始生效。

本条所称交付是指：________________。

担　保　人：________________（盖单位章）

法定代表人或其委托代理人：________________（签字）

地　　址：________________

邮政编码：________________

电　　话：________________

传　　真：________________

________年____月____日

备注：本履约担保格式可以采用经发包人同意的其他格式，但相关内容不得违背合同约定的实质性内容。

五、质量保修书格式

房屋建筑工程质量保修书

发包人：________________

承包人：________________

发包人、承包人根据《中华人民共和国建筑法》、《建设工程质量管理条例》和《房屋建筑工程质量保修办法》，经协商一致，对________________（工程名称）签订保修书。

1．工程保修范围和内容

承包人在保修期内，按照有关法律、法规、规章的管理规定和双方约定，承担本工程保修责任。保修责任范围包括地基基础工程、主体结构工程，屋面防水工程、有防水要求的卫生间、房间和外墙面的防渗漏，供热与供冷系统，电气管线、给排水管道、设备安装和装修工程，以及双方约定的其他项目。具体保修的内容，双方约定如下：

________________________________。

2．保修期

双方根据《建设工程质量管理条例》及有关规定，约定本工程的保修期如下：

（1）地基基础工程和主体结构工程为设计文件规定的该工程合理使用年限；

（2）屋面防水工程、有防水要求的卫生间、房间和外墙面的防渗漏为______年；

（3）装修工程为________年；

（4）电气管线、给排水管道、设备安装工程为________年；

（5）供热与供冷系统为___________个采暖期、供冷期；

（6）住宅小区内的给排水设施、道路等配套工程为_____年；

（7）其他项目保修期限约定如下：

____。

3．保修责任

（1）属于责任范围、内容的项目，承包人应当在接到保修通知之日起7天内派人保修。承包人不在约定期限内派人保修的，发包人可以委托他人修理。

（2）发生紧急抢修事故的，承包人在接到事故通知后，应立即到达事故现场抢修。

（3）对于涉及结构安全的质量问题，应当按照《房屋建筑工程质量保修办法》的规定，立即向当地建设行政主管部门报告，采取安全防范措施；由原设计人或者具有相应资质等级的设计人提出保修方案，承包人实施保修。

（4）质量保修完成后，由发包人组织验收。

4．保修费用

保修费用由造成质量缺陷的责任方承担。

5．其他

双方约定的其他工程保修责任事项：

____。

本工程保修书，由施工合同发包人、承包人双方在竣工验收前共同签署，作为施工合同附件，其有效期限至保修期满。

发包人：__________________（公章）	承包人：____________（公章）
法定地址：__________________	法定地址：____________
法定代表人或其	法定代表人或其
委托代理人：_______________（签字）	委托代理人：_________（签字）
电话：_____________________	电话：_________________
传真：_____________________	传真：_________________
电子邮箱：__________________	电子邮箱：_____________
开户银行：__________________	开户银行：_____________

账号：＿＿＿＿＿＿＿＿＿＿＿＿　　账号：＿＿＿＿＿＿＿＿＿＿

邮政编码：＿＿＿＿＿＿＿＿＿＿　　邮政编码：＿＿＿＿＿＿

六、费用索赔审批表

费用索赔审批表

<table>
<tr><td>工程名称</td><td></td><td>编号</td><td></td></tr>
<tr><td>地点</td><td></td><td>日期</td><td></td></tr>
<tr><td colspan="4">致：＿＿＿＿＿＿＿＿＿＿＿＿＿＿＿（承包单位）：
根据施工合同第＿＿＿＿＿＿＿＿＿＿＿＿＿＿＿＿＿条款的规定，你方提出的第（　）号关于＿＿＿＿＿＿＿＿费用索赔申请，索赔金额共计人民币（大写）＿＿＿＿＿＿＿＿＿＿，（小写）＿＿＿＿＿＿＿＿＿。
经我方审核评估：
☐ 不同意此项索赔。
☐ 同意此项索赔，金额为（大写）＿＿＿＿＿＿＿＿＿＿。
理由：</td></tr>
<tr><td colspan="4">索赔金额的计算：
监理工程师（签字）：
监理单位名称：　　总监理工程师（签字）：</td></tr>
</table>

注：本表由监理单位签发，建设单位、理事单位、承包单位各存一份。

【本章小结】

本章对建设工程施工合同的编写、合同管理相关文件的编写、合同风险的控制、合同争议的处理、索赔文件的编写、索赔计算做了比较详细的阐明。

本章主要内容包括合同管理的基本知识；建设工程施工合同的构成、种类及特征，《标准施工招标文件》的应用；合同变更的原因、工程变更的原因、工程变更对合同实施的影响、工程变更程序、工程变更的管理；合同分险的特性、种类，合同分项分析的影响因素，合同风险管理的任务，合同风险的防范对策；和解，调解，仲裁，诉讼；索赔的原因、分类及依据，施工索赔的处理，索赔计算。通过本章学习，读者可以了解建设工程施工合同的构成；掌握建设工程施工合同的种类及特征；掌握工程变更的程序及管理；熟悉合同风险的管理；熟练掌握合同争议的处理；熟练掌握索赔的分类及依据；熟练掌握费用索赔的计算方法。

【本章练习】

1. 建设工程施工合同的构成、种类及特征有哪些？
2. 建设工程施工合同附件格式包括哪些内容？
3. 合同变更产生的原因有哪些？
4. 合同风险的种类有哪些？
5. 工程变更程序的内容有哪些？
6. 诉讼中的证据有哪几种？
7. 发生索赔的原因有哪些？
8. 索赔按索赔事件的性质分类有哪些内容？
9. 费用索赔计算方法有哪些？

参考文献

[1] 莫曼君．建设工程施工合同管理[M]．北京：中国电力出版社，2016．

[2] 刘冬学．工程招投标与合同管理[M]．武汉：华中科技大学出版社，2016．

[3] 建设工程合同管理编委会．建设工程合同管理[M]．北京：中国建筑工业出版社，2016．

[4] 钟汉华，姜泓列，吴军．建设工程招投标与合同管理[M]．北京：机械工业出版社，2015．

[5] 王平．工程招投标与合同管理[M]．北京：清华大学出版社，2015．

[6] 严玲．招投标与合同管理工作坊案例教学教程[M]．北京：机械工业出版社，2015．

[7] 方俊，胡向真．工程合同管理[M]．北京：北京大学出版社，2015．

[8] 陈津生．建设工程合同管理与典型案例分析[M]．北京：中国建筑工业出版社，2015．

[9] 宋春岩．建设工程招投标与合同管理[M]．北京：北京大学出版社，2014．

[10] 冯宁．工程招投标与合同管理[M]．北京：机械工业出版社，2014．

[11] 崔东红．建设工程招投标与合同管理实务[M]．北京：北京大学出版社，2014．

[12] 刘旭灵，黄光明．建设工程招投标与合同管理[M]．长沙：中南大学出版社，2014．

[13] 同济大学出版社．建设工程招投标与合同管理[M]．上海：同济大学出版社，2014．

[14] 苟伯让．建设工程招投标与合同管理[M]．武汉：武汉理工大学出版社，2014．

[15] 胡彩红．建设工程招投标与合同管理[M]．北京：中国水利水电出版社，2014．